◎ “忘忧草”系列——

我们总是忘了，失败才会强盛

姜越 编著

天津科学技术出版社

图书在版编目 (CIP) 数据

我们总是忘了，失败才会强盛 / 姜越编著 . —天津
：天津科学技术出版社，2011.10（2022.5 重印）
（“忘忧草”系列）
ISBN 978-7-5308-6613-9
Ⅰ . ①我… Ⅱ . ①姜… Ⅲ . ①成功心理 – 通俗读物
Ⅳ . ① B848.4-49
中国版本图书馆 CIP 数据核字（2011）第 184189 号

我们总是忘了，失败才会强盛
WOMEN ZONGSHI WANGLE SHIBAI CAIHUI QIANGSHENG
责任编辑：杨 譞
责任印制：兰 毅
出 版：天津出版传媒集团
天津科学技术出版社
地 址：天津市西康路 35 号
邮 编：300051
电 话：(022) 23332490
网 址：www.tjkjcbs.com.cn
发 行：新华书店经销
印 刷：北京洲际印刷有限责任公司

开本 710 × 1000 1/16 印张 15 字数 197 000
2022 年 5 月第 1 版第 2 次印刷
定价：58.00 元

前言 Preface

世界上没有真正的失败，因为宇宙间的万事万物都在时时变化，这是个大原则，无论如何失败，都是茁壮发展的过程之一。在某个时期或许算是失败，但是过后依然是一片生机。

经历过风雨，才能见到彩虹；经历过磨难，才会获得成功。雏鹰不经历悬崖上的生死考验，怎么能振翅高飞？花蕾不经历风吹雨打，怎么能一片姹紫嫣红？柳条不经历肃杀的严冬，怎么能在春风的吹拂下一夜抽出嫩芽？

失败是人生的训练场。生活是一个多面体，是一幅五彩斑斓的图画，失败与成功都蕴藏其中，只有经历过失败和挫折，我们才能自强不息，才能实现真正意义上的强盛。

没有浪涛的海洋，绝不是真正的海洋；没有波折的生活，也绝不是真正的生活。但是，山高高不过脚底，海宽宽不过航灯。面对荆棘丛生的人生，面对挫折与失败，我们或许只能毫不畏惧，知难而上，因为失败也是人生不可或缺的一道亮丽风景线。

人的一生就像是经历一次千山万水的长途跋涉，而生命乐章的精彩之处恰恰在于挫折。如果我们能乐观地看待失败，那么无论处于什么样的环境，相信我们都可以潇洒走过。拿破仑曾经这样解释失败：那种经常被视为是失败的事，只不过是暂时的挫折而已。还有，这种暂时的挫折实际上也是一种幸福，因为它会使我们振作起来，让我们向着更美好的方向前进。

失败是正常的，但是一味的颓废、沉沦却是不可取的。失败无可非议，因为失败者未必不是真英雄，触礁者未必不是真豪杰。

失败是一所好的大学，我们可以从中学到不少的知识，它教会我们要想辉煌，必须接受失败的洗礼；要想成功，必须经过失败的淬炼；要想伟大，必须接受失败的考验。

给我一次困难，让我努力克服；给我一次失败，让我体验成熟；给我一次挫折，让我更加强盛。让我们在书中去体会形形色色的挫折与失败，让我们在字里行间去体会别样的成功。

目录

Contents

第一章　失败是一种感觉

人生就像江水奔流，如果不碰到暗礁，就难以激起美丽的浪花。有时我们怕的不是失败，而是内心的那种挫败感。战场上没有永远胜利的战士，失败了爬起来，接着努力拼搏，就是一种胜利！如果你的心输了，那么无论谁也不能把你变成一个成功者。

第二章　把失败当做人生的礼物

人的一生总会遇到一些逆境和挫折，而这些逆境与挫折，是上天要你去征服它们的。每征服一次挫折，就会多一些成长，而这些历练都是要靠你自己去完成的，没有人能替代。对挫折和失败的体验，能使人对风险应付自如，挫折、失败越多，应付问题越从容，以后的成功可能会越多。

第三章　没有永远的失败

不要被失败击倒，不管你已失败多少次，只要想一想：过去不等于未来，你会觉得再试一次就有希望成功。其实世上没有失败，只是暂时没有成功罢了，不要躺在失败里睡大觉。要让事情改变，就先让自己改变；要让事情变得更好，就先让自己变得更好。排除任何借口，要为成功找方法，不要为失败找理由。

第四章　在失败中学会奋起

失败是人生以及人生成长中不可缺少的元素，它会使我们的生活更加精彩。不能经受失败的人，也不会有什么大的作为。人生难免会遭遇失败，但不能一味沉浸在痛苦之中。如果能够迅速调整心态，找回取得胜利的勇气，那么，你同样也会取得成功，收获快乐与幸福。

第五章　努力多一些，成功多一些

努力不一定会成功，但成功却永远需要努力。有些人的成就，是你的十倍、百倍、千倍、万倍，但是他的能力却不一定是你的十倍、百倍、千倍、万倍；不是他比你聪明，而是他笨笨地去做一些你所不愿去做的事。因为他知道：努力不一定会成功，但成功却永远需要努力！

第六章　心态好一点，失败少一点

失败不可怕。正如海明威的小说《老人与海》中的主人公桑地亚哥所说："人可以被打倒，但不能被战胜。"失败与悲伤只能使我们痛苦，但不能摧毁我们的斗志。也许命运不会首肯你的选择，但是只要你拥有良好的心态，就一定能登上成功的顶峰。

第一章

失败是一种感觉

人生就像江水奔流，如果不碰到暗礁，就难以激起美丽的浪花。有时我们怕的不是失败，而是内心的那种挫败感。战场上没有永远胜利的战士，失败了爬起来，接着努力拼搏，就是一种胜利！如果你的心输了，那么无论谁也不能把你变成一个成功者。

他只成功了两次

1832年，林肯失业了，这显然使他很伤心，但他下决心要当政治家，当州议员。可怜的是，他既无经济实力又没有什么名气，当然竞选失败了。在一年里遭受两次打击，这对他来说无疑是痛苦的。

为了能够在以后的竞选中处于有利地位，林肯着手自己开办企业，可不到一年，这家企业又倒闭了。在以后的一年多的时间里，他不得不为偿还企业倒闭时所欠的债务而到处奔波，历尽磨难。

随后，林肯再一次决定参加竞选州议员，这次他成功了。他内心萌发了一丝希望，认为自己的生活有了转机："可能我要在政坛上平步青云了！"

1835年，他订婚了。未婚妻在仕途上帮他出谋划策，在感情上更是他的精神支柱。但就离结婚还差几个月时，未婚妻染病不幸去世。这对他精神上的打击实在太大了，他心力交瘁，数月卧床不起。1836年，他得了神经衰弱症。

1838年，林肯觉得身体状况已经好转，于是决定竞选州议会议长，他失败了。1843年，他又参加竞选美国国会议员，但这次仍然没有成功。

林肯虽然一次次地尝试，但却是一次次地遭受失败：企业倒闭、未婚妻去世、竞选败北。要是你碰到这一切，你会不会放弃——放弃追求与奋斗？

林肯是一个聪明人，他具有执著的性格，他没有放弃，他也没有说"失败会怎样？"1846年，他又一次参加竞选国会议员，最后终于当选。

两年任期很快过去了，他决定要争取连任。他认为自己作为国会议员表现是出色的，相信选民会继续选举他。但结果很遗憾，他落选了。

为了这次竞选他赔了一大笔钱，林肯申请当本州的土地官员。但州政府把他的申请退了回来，做出的解释是："做本州的土地官员要求有卓越的才能和超常的智力，你的申请未能满足这些要求。"

又是接连两次失败。在这种情况下你会坚持继续努力吗？你会放弃吗？

然而，作为一个聪明人，林肯没有服输。1854 年，他竞选参议员，但失败了；两年后他竞选美国副总统提名，结果被对手击败；又过了两年，他再一次竞选参议员，还是失败了。

林肯尝试了十一次，可只成功了两次，他一直没有放弃自己的追求，他一直在做自己生活的主宰。他注定要成为一个伟人，1860 年，他终于当选为美国总统。

阿伯拉罕·林肯的遭遇你我都曾经历。因为他是一个聪明人，他面对困难没有退却、没有逃跑，他坚持着、奋斗着，他压根就没有想过要放弃努力，他不愿放弃，所以他成功了。

乐享成败

胜利贵在坚持，要取得胜利就要坚持不懈地努力，饱尝了许多次的失败之后才能成功，即所谓的失败乃成功之母，成功也就是胜利的标志，也可以这样说，坚持就是胜利。失败过后就是强盛。

上帝替我蒙住了左眼

戈登·布朗出生在苏格兰一个普通的牧师家庭，从小志向远大。12岁时，布朗就和哥哥约翰说服工党，允许兄弟俩在自己创办的报纸上刊登当时工党领袖哈罗德·威尔逊的一篇文章。

厄运不期而至。高中快毕业时，布朗遭遇变故。在同教师举行的一场橄榄球赛中，他被踢中头部，左眼视网膜脱落。他在医院待了几个月，双眼均缠上绷带，接受了三次眼部手术，受尽煎熬，最终不得不接受左眼失明的事实。

对于一个风华正茂的有志少年来说，失去一只眼睛是何等的残忍。那段时间，布朗心灰意冷，躲在屋子里不出门，讨厌陌生人的蔑视，更憎恶亲朋的同情，他从朝气蓬勃变得郁郁寡欢。

父母看在眼里，疼在心上，并尝试开导劝慰，却毫无收效。

恰好，布朗的哥哥约翰从大学回家休假，他千方百计地想帮助弟弟走出低谷。一天，他欢天喜地地回到家，找到布朗，塞给他一把手枪和6发子弹。布朗有些惊奇，小心翼翼地抚摸着手枪，问："这是一把能开火的真枪？"约翰拍着弟弟的肩膀说："当然了！我们到户外进行实弹射击，玩个痛快！"

布朗犹豫了片刻，终于起身和哥哥一起出了门。

来到屋后的小山冈上，他们将目标锁定在20米开外的一棵橄榄树上。约翰率先举枪，眯起左眼瞄准，也许是紧张，又不懂技术要领，他连开三枪都没有命中目标，只好把枪交给布朗。布朗的前两发子弹都射偏了，有些沮丧。约翰在一旁鼓励说："别放弃，你还有一次机会！"这一次，布朗屏气凝神，果然击中了树干。

约翰欢呼着抱住弟弟，兴奋地说：“刚才我努力眯紧左眼，很吃力，所以没有瞄准。你比我有优势，因为上帝替你蒙上了左眼，你可以心无旁骛，专心瞄准目标！”

约翰假装无心所说的话，深深打动了布朗。一瞬间，他感觉浑身重新充满力量。第二天，他又回到了学校学习。

16岁时，布朗获得了苏格兰著名学府爱丁堡大学的奖学金，成为该校当时年龄最小的大学生；24岁时，布朗发表了自己所谓的“苏格兰红皮书”，俨然以英国首相的口气对苏格兰的状况进行分析。

这位热心政治的青年，积极参与各种社团活动，难免会树立一些反对派。他的对手们常常借他的盲眼嘲笑他，攻击他，每当这时他总是想起当年哥哥的鼓励。在许多次演讲中，他激昂而自豪地宣称：“我的左眼是上帝为我蒙上的，他就是希望我能专注于我毕生的事业，专注于我的目标，执著向前！”

眼疾反而加强了布朗奋斗的决心，他迅速在政坛脱颖而出。46岁，他当上了英国历史上任期最长的财政大臣，后来他接任布莱尔成为英国新一任首相。

布朗说：“每一个经历都在塑造你。我只能坚持信念，保持积极。人生最重要的就是要在逆境中坚持下去，不让环境击垮你。”

乐享成败

失败了不能一蹶不振，首先得爬起来才能继续与命运进行搏击。爬起来，我们就离成功又近了一步；爬起来，我们才能得到更多的机会展示自己，收获美妙人生。

不要让失败把你击垮

避免犯错误的唯一途径就是什么也不去做。某些错误确实有可能带来严重的结果。有时，甚至会错失轻易解决问题的良机。然而，如果没有这些严重的失败、不幸或错误，就不会有由此练就的美好的事物的出现。

明智的人总是寻求从失败和错误中领悟出一些有价值的东西。失败的人却从未从经历和遇到的困难中学到任何东西。

“我已经在这待了 20 年了。”一个没有被提拔的人抱怨说，“我比你刚刚提拔的人多 20 年的工作经验。”

“不，查理，”他的老板说，“你只不过把一年的工作经验重复了 20 年而已。你没有从你犯的错误中汲取过任何教训，你仍然重复着和你刚上班时犯的同样的错误。”

这是一个多么让人悲哀的故事！即使一个错误看上去无足轻重，也不要在没有从中学到任何东西时就放过它。

“我们白白浪费了这么多时间！”一个年轻的助手对爱迪生喊道，“我们已经做了两万次实验，但至今也没有发现可以用来做灯丝的材料！”

“哦！”这个天才答道，“但是我们至少已经知道，有两万种材料不适合做灯丝！”

这种不屈不挠的精神，最终使爱迪生发明了能发光的灯丝，从而推动了历史的进程。

树立自信的一个重要步骤，就是学会正确对待你的错误和失败。要做到这样，关键在于不能一时没有成功就失去安全感，而应进行更深层次的思考。要将失败和错误与你的长远目标、你生活中最基本的目标进行对比，和你与生俱来的、作为一个人最根本的价值观进行对比，而不是与暂时的结果进行对比，你就能树立并保持你的自信。没有任何错误可以埋没你作为一个人本身具备的价值。

乐享成败

大多数错误只不过是让你在完成人生目标的过程中稍稍停留下来。错误很少是致命性的，大多数情况下，一个人对错误表现出来的不正确的态度，才是致命性的，或者说是有极大的破坏作用的。一个从失败和教训中重新振奋的人，才能更好地为未来做充分的准备。

败给悲观

很早以前，有一群印第安人被白人追赶，逃到了某个地方，他们的处境十分危险。由于情况危急，酋长便把所有的族人召集起来谈话。他说："有些事我必须告知大家，我们的处境看起来很不妙，我这里有一个好消息，也有一个坏消息。"族人中间立刻起了一阵骚动。酋长说："首先我要告诉你们坏消息。"所有的人都紧张地站着，神色惶恐地等待着酋长的话。酋长说："除了水牛的饲料以外，我们已经没有什么可吃的东西了。"大家开始你一言我一语地谈论起来，到处发出"可怕啊"、"我们可怎么办"的声音。突然，一个勇敢的人发问了："那么好消息又是什么呢？"酋长回答："那就是我们还存有很多的水牛饲料。"

我非常喜欢这个故事，因为，这个智慧而幽默的酋长在困境中依然保持着泰然豁达的心态，他所看到的，依然是生的希望。一个在厄运面前不会绝望的人，注定是一个永远不会被生活打垮的人。

事实上，我们人生的好多次失败，最后并不是败给了谁，而是败给了悲观的自己。

乐享成败

在学习和生活的过程中，有成功必然也会有失败，这没什么大不了的，关键是我们要明白自己为何失败。是实力不济，还是运气不佳？如果是败给了自己，那么我们就要注意了，我们从来都应该相信：没有任何人能将我们打败，除了我们自己！

人生如卖菜

我所在的那家公司倒闭后，我就失业了。半年之内，我仍然没有找到合适的工作，心里苦闷极了。父亲问我，这半年里难道就没有一家公司愿意录用你吗？我说有，就是工资太低了，月薪只有七八百块。我在原来那家公司月薪是 2000 元，我一定要再找到一份月薪 2000 元的工作。

父亲笑一笑说：“跟我去卖一天菜吧。”我想反正没事干，就答应了。

我和父亲卖的是菜花，在市场上一摆开，就有一个中年妇女来问：“这菜花怎么卖？”父亲说：“1 元钱 1 斤。”中年妇女说：“人家的菜花最多9角，你怎么要1元?”父亲说：“我的菜花是全市最好的。”中年妇女撇撇嘴，连价都不还就走了。

我们的菜花确实是全市最好的，卖1元钱1斤合情合理。可是一连几个人问过价后，都不买。我有点着急了，就对父亲说：“要不，我们也卖9角钱1斤吧?”父亲说：“急什么? 我们的菜花这么好，还怕没人买?”

说话间，又有一个人来问价了，父亲依然说1元钱1斤。这人实在喜欢我们的菜花，就是嫌太贵了，他软磨硬泡，一定要父亲减一点，可父亲就是不松口，那人咬咬牙说：“减5分，9角5分1斤，我全要了。”父亲说：“少1分也不卖。”那人叹一口气，走了。

那个人走后，时间就不早了，买菜的人越来越少，菜价直往下跌。别人的菜花大都卖完了，剩下没卖的，已经降到6角钱1斤。我们再叫1元钱1斤就让人笑话了，只好降到7角钱。我说：“我们干脆也卖6角钱1斤算了。”父亲说：“不行，我们的菜花是最好的。”

中午过后，菜价跌得更厉害。菜花不能隔夜卖，接下来价格跌得更惨，6角、5角、4角，黄昏时候，有人干脆论堆卖，2元钱一堆。我们的菜花经过一天日晒，早已毫无优势了。

天快黑了，一个老头过来踢一脚我们的菜花问：“这堆1.5元，卖吗?”父亲扭头问我：“卖不卖?”我没好气地说：“反正不值钱了，卖了吧。”结果，老头用1.5元买走了我们的一大堆菜花。

回家的路上，我埋怨父亲说：“早上人家给9角5分1斤你为什么不卖?”父亲笑笑说：“是呀，那时候出手该多好，可早上总以为自己的菜花值1元钱1斤，就像你现在总以为自己月薪必须2000元一样。”

父亲的话使我深感震动。人生其实就像卖菜一样，要卖个好价钱是不容易的，有时候，越想卖高价，越卖不出去，最后烂贱如泥。做人不能自视太高，更要善于把握时机。

几天后，我就到一家公司上班了，月薪600元。

乐享成败

为什么在失业后还向往高处呢？人生如卖菜，我们又从中学到了什么呢？每个人都有面临失业困境的可能，关键看我们失业后做什么。

成功的焦点

有一个心情沮丧的年轻人，去拜访一位成功的长者。他问了长者这样一个问题："我曾尝试着做过许多事情，学过绘画，拉过小提琴，还拜师学过雕刻，可结果为什么都失败了呢？"

那位长者并没有急于回答他的问题，而是从书桌上捡起一个用来读报的凸透镜，带着那个年轻人来到户外。

他把一张纸片平铺在地面上，阳光透过凸透镜，便产生了一个焦点落在纸片上。不一会儿，那张纸片竟然冒出一缕缕青烟，燃烧起来，最终烧出一个窟窿。

此时，那个长者才解释说："你为什么不像这个凸透镜一样，把你全部的精力集中到一个焦点上呢？"

1943 年，美国的《黑人文摘》刚开始创刊时，前景并不被看好。它的创办人约翰逊为了扩大该杂志的发行量，积极地准备做一些宣传。

后来，他决定组织撰写一系列"假如我是黑人"的文章，请白人把自己摆在黑人的位置上，严肃地来看待这个问题。他想如果能请罗斯福总统的夫人埃莉诺来写这样一篇文章最好不过了。于是，约翰逊便给她写了一封非常诚恳的信。

罗斯福夫人回信说她太忙，没有时间来写。但是约翰逊并没有因此而气馁，他又给她写去了一封信，但她回信说还是太忙。以后，每隔半个月，约翰逊就会准时给罗斯福夫人写一封信，言辞也愈加恳切。

有几个挚友曾劝他说：“你还是尽快打消这个念头吧，埃莉诺是不会答应你这个请求的。”

而约翰逊听了之后，竟坚定地说：“我相信，如果我继续诚恳地写信求她来写，总有一天她会有时间的。”

不久，罗斯福夫人因公事来到约翰逊所在的芝加哥城，并在此市逗留两日。约翰逊得此消息之后，喜出望外。他立即给她发了一份电报，恳请她是否趁在芝加哥逗留的时间里，给《黑人文摘》写那样一篇文章。

罗斯福夫人在收到他的电报后，没有再拒绝。她趁在芝加哥逗留的空闲里，把自己的一点想法写成了文章，并寄给了《黑人文摘》。

这个消息一传出去，全国都知道了。直接的结果是，《黑人文摘》在一个月内销量由 2 万份增加到了 15 万份，这成了约翰逊事业上的一个转折点。后来，他又出版了黑人系列杂志，并开始经营书籍出版、广播电台、妇女化妆品等事业，成为闻名全球的富翁。

乐享成败

一个人获得成功，除了取决于他的人生态度和才智资源外，更重要的是他应该有一种专注如一的奋斗精神。面对失败和挫折，既不能怨天尤人，也不能自暴自弃。那些用心不专、左右摇摆，受到一点挫折就放弃的人，结果注定是失败的。

时运不济的人

时运不济作为人生旅途中的一段灰暗路程，人人都可能遇到，只不过有些人遭遇的时间短一些，有些人遭遇的时间长一些。然而，一辈子都时运不济的人很少。我曾有一位时运不济的邻居，他是一位大学生，按说作为一个接受了高等教育的人不应该时运不济，然而，时运不济的事还是让他碰上了。

考大学那年，国家正好在大学试行收费制，四年下来，比早考上一年的人整整多花了8000元。四年后，该毕业了，谁知国家在分配上又实行双向选择，最后虽找到了工作，可是仅工作了一年半，又赶上机关大裁员，他下岗了。

坎坷的道路使他磨硬了脚板，灰暗的行程教他擦亮了眼睛。他去了滨海的一个农场，这个农场是他父亲过去插队的地方。他在那儿租了120亩地，利用他学的专业专门种植荷兰的一种郁金香，据他父亲说这种产品已在华东几个城市里供不应求。第一年的纯收入超过了三万元。

这个故事告诉我们，面对时运不济，每个人都可以有两种选择，一种是怨天尤人，另一种就是活得更起劲。只要审时度势，勇于探索，总有一条很宽广的路是为你准备的。

乐享成败

时运不济是失败者的借口。如果举着这个牌子一再埋怨，我们只能在失败的路上越走越远。时运不济是一阵风，风过之后，我们可以重新收拾，再次出发。当我们迎着风前行，就会发现，脚下的路是如此宽广。

挫折是试金石

人生在世，谁都会遇到挫折，适度的挫折具有一定的积极意义，它可以帮助人们驱走惰性，促人奋进。

有这样一则故事。

草地上有一个蛹，被一个小孩发现并带回了家。过了几天，蛹上出现了一道小裂缝，里面的蝴蝶挣扎了好长时间，身子似乎被卡住了，一直出不来。天真的小孩看到蛹中的蝴蝶痛苦挣扎的样子十分不忍。于是，他便拿剪刀把蛹壳剪开，帮助蝴蝶脱蛹而出。然而，由于这只蝴蝶没有经过破蛹前必须经过的痛苦挣扎，以致出壳后身躯臃肿，翅膀干瘪，根本飞不起来，不久就死了。自然，这只蝴蝶的欢乐也就随着它的死亡而永远地消失了。

这个小故事说明了一个人生的道理，要得到欢乐就必须能够承受痛苦和挫折。这是对人的磨炼，也是一个人成长必经的过程。

德国天文学家开普勒，从童年开始便多灾多难，在母腹中只待了七个月就早早地来到了人间。后来，天花又把他变成了麻子，猩红热又弄坏了他的眼睛。但他凭着顽强、坚毅的意志发愤读书，学习成绩遥遥领先于他的同伴。后来，因父亲欠债使他失去了读书的机会，他就边自学边研究天文学。在以后的生活中，他又经历了病痛、良师去世、妻子去世等一连串的打击，但他仍未停止天文学研究，终于在 59 岁时发现了天体运行的三大定律。他把一切不幸都化作了推动自己前进的动力，以惊人的毅力，摘取了科学的桂冠，成为“天空的立法者”。

人生难免会遇到挫折，没有经历过失败的人生是不完整的人生。没有激流的冲刷，便没有钻石的璀璨；没有挫折的考验，便没有不屈的人格。正因为有挫折，才有勇士与懦夫、庸人与伟人之分。

乐享成败

生活中，人不可能总是春风得意、事事顺心，总是要遭遇这样或那样的挫折。面对挫折能够虚怀若谷、大智若愚，保持一种恬淡平和的心境，是彻悟人生的大度。

消除内心的恐惧

从前，在印度沿海有一个渔村，村里的许多渔民世代居住在那里。每天清晨，当天空射出万道霞光时，渔民们就扬帆出海，在风浪中撒网捕鱼。

他们终年辛勤劳动。有时，为了让附近村镇上的居民能吃上鱼，他们常常要冒着生命危险到深海去捕鱼。

当他们到远海去开辟新的渔场时，一些船不免会触礁沉没，船上的人也会因此送命；有时海上掀起狂风恶浪，也会使一些渔船葬身海底。每当传来渔民遇难的消息时，那些小茅屋里就会传来撕裂人心的哭声，十分悲惨。浩瀚的大海虽然常常使他们失掉生命，但是，对渔民来说，海仍然有着巨大的吸引力。不管有多大的风险，他们总是照常下海捕鱼。

有一天，渔民南图尼欧的父亲淹死在海里。出海归来的渔民来到南图尼欧家，对他说，他父亲的船被海浪吞没，他遇难了。然而，他们想尽办法，把他的船弄了回来。

听说父亲死了，南图尼欧悲痛欲绝，痛哭了很长时间。但第二天，南图尼欧就把船交给修船人，不到一个星期，修船人就把船修好了，他决定尽快出海捕鱼。

晚上，南图尼欧到市场去买网，碰到了地主的儿子。南图尼欧同他关系很不错，只要碰到他，总要攀谈一会儿。地主的儿子问道："怎么，你又买网了？"

"是的，明天我将驾着已经修好的船去捕鱼，你去吗？"

"什么？出海？不去，我害怕，太危险了。"

"害怕？有什么害怕的？"

"当然是怕大海，我听说，你父亲上星期淹死了。"

"是这样，那又怎样？"

"你不害怕吗？"

"有什么好怕的呢？我是渔民的儿子，渔民是不怕大海的。"

"现在请你告诉我，你祖父是干什么工作的？"

"他也是渔民。"

"他是怎么死的？"

"他出海捕鱼，遇上了狂风恶浪，再也没有回来。"

"你曾祖父呢？"地主的儿子惊奇地问道。

"也死在海里了。他更加敢于冒险，他驾着船，绕过科伦坡，到印度东海岸去采珍珠，他潜入水里，再也没有上来。"

"奇怪，你们是怎么回事？一个个都死在海里，却还要下海捕鱼。"地主的儿子惊叹不已地说。

现在该南图尼欧问地主的儿子了。他搔搔头，问道："我听说你父亲最近去世了，他死在哪里？"

"他是在家里睡觉时死去的，他年纪已经很大了，当仆人去叫他起床时，发现他已经断气了。"

"你祖父呢?"

"他也活了很大年纪，最后病死在家里。"

"你的曾祖父呢?"

"我听说，他卧病很久，也是死在家里的。"

"我的老天爷！他们都是在家里死的，可你现在还住在那个家里，难道你不害怕吗?"地主的儿子被问得瞠目结舌，无言以对。

乐享成败

去大海捕鱼是渔民的人生使命，一个人每时每刻都应该拉紧属于自己的使命纤绳，要学会为伟大的使命而更多地付出，即使是面对死亡的威胁。失败是每个人必须面对的，就看我们是否勇于跨越它。

坏到极点的新生

我一生中最悲惨的一天发生在1933年，当时警长从前门进来，我从后门溜走。我失去了长岛的家园，那是我女儿出生、我们一起生活了18年的家。我无法相信这种事会降临到我头上。12年前，我还志得意满，把我的小说《水塔西侧》的电影版权卖给电影公司，价格堪称好莱坞之冠。我们一家住在国外已有两年了，夏日我们到瑞士避暑，冬天在法国逍遥——像个富翁一样。

在巴黎，我用6个月的时间完成了一本小说，由威尔·罗杰斯主演，那是他的第一部有声电影。电影公司邀请我留在好莱坞为罗杰斯再创作几部电影剧本，但是我拒绝了。回到纽约，我的麻烦也开始了。

我渐渐觉得自己有一种沉睡已久的潜能未能发挥，我把自己想象为成功的生意人。

有人告诉我约翰·雅各布·亚士特投资纽约空地赚了几百万美金。亚士特是何许人？他不过是带着外国口音的一介移民，他都能做到，我为什么不能？我要发财！于是，我开始阅读游艇杂志。

我只有一片愚勇，我对房地产买卖的了解不会比因纽特人多。我到哪里去筹钱来开创这个事业呢？答案很简单：用我的房子做抵押，买下一批土地，等到好价钱时售出，我就可以过奢侈的日子了。对那些在办公室里任劳任怨领薪水的人，我充满了同情，显然上天赐予我这种理财的天分。

突然间，经济萧条像飓风一样席卷了我。

一个月我得为那片土地缴纳 220 美元。而每个月过得可真够快的，当然我还得支付抵押贷款，并维持全家温饱。我开始忧虑，我想为杂志写些幽默小品，但我下笔沉重，一点都不好笑，我什么也卖不出去。我的小说也卖得很差。钱用光了，除了打字机和假牙上的镶金以外，再也没有可以换钱的东西。牛奶公司不再送牛奶，煤气公司也断了气，我们只有改用露营用的小瓦斯罐，它喷出火焰时带着嘶嘶的声音，好像一只愤怒的鹅。

我们没有煤可以用，唯一取暖的工具是壁炉。晚上我会到有钱人盖房子的工地去捡木板木条烧壁炉。而我曾经是那些有钱人中的一分子。

我担心得睡不着觉，我常常半夜起来踱步，把自己搞得很累再回去睡觉。

我不但损失了我买的土地，还赔上了所有的心血。

银行扣押了我的房子，我和家人只有流落街头。

最后我们总算弄到了一点钱租了一个小公寓。1933 年除夕我们搬了进去。我坐在行李箱上看着四周。我妈妈常说的一句话在耳边响起：“别为打翻的牛奶哭泣。”

可是，这不只是牛奶，这是我一生的心血啊！

呆坐了一会儿，我告诉自己：“我已经倒霉到底了，情况不可能再坏，只有逐渐转好。”

我开始想我还有什么尚未失去的东西。我还拥有健康与朋友。我可以东山再起，我不再为过去难过，我要每天用妈妈常说的那句话提醒自己。

我把忧虑的时间及精力投注在工作上，情况一点点地改善了。我现在要感谢我有机会经历那样的劣境，因为我从中得到了力量和自信。我现在知道什么是跌到谷底，我也知道那并不能打垮人。我清楚我们比自己想象的要坚强得多。现在，再有什么小困难、小麻烦，我就会提醒自己想想坐在行李箱上对自己说过的话：“我已跌至谷底，情况不可能再坏，只有转好。”这点小事再也不会令我烦恼。

不要为过去的事烦恼，接受不可避免的事实。当你不能再下坠时，就只有上升一途！

乐享成败

人生的路不可能没有波澜，一马平川。坦然接受并面对挫折和失败，才是解除苦恼、走出忧虑的关键。挫折和失败是永远的财富，每一次失败和挫折都能带给坚强的人更高的起点。不要把时间和生命都浪费在后悔与悲哀之中，请相信失败和坎坷是带领我们走向成功和辉煌的必经之路。

真正的胜利

某一次奥运会上，男子铁饼比赛进入激烈的决赛阶段，看台上坐满了热心的观众。比赛进入了高潮，最具实力的卫冕冠军终于出场了。谁都知道冠军最近状态奇佳，人们都相信冠军在这次比赛中将打破已沉寂十年之久的世界纪录。谁不想亲眼见证这一历史时刻？于是赛场边观众越聚越多。只见冠军右手紧握铁饼以左脚为轴开始用力旋转，一圈、两圈，一个新的世界纪录就要诞生了！人群开始躁动，赛场气氛也达到了最高潮。可谁知就在这关键时刻却出了意外，原来就在铁饼即将出手的一刹那，冠军突然发现激动的观众竟然越过了安全线，此时出手，就必将伤及观众。怎么办？是要纪录还是要观众？冠军毅然选择了后者，说时迟，那时快，只见冠军把手腕向下一翻，铁饼便有力地斜着向地面而去……赛后人们惊异地发现铁饼在赛场上砸出的轨迹竟然像一个大大的问号，似乎代表着冠军向天而问：为什么我没破纪录？

虽然冠军没能再创辉煌，但谁能说他不是真英雄？

无独有偶，同样还有件事情，也证明了真英雄的胸怀。

在英国的曼彻斯特城，英格兰超级足球联赛第 18 轮的一场比赛在埃弗顿队与西汉姆联队之间进行。比赛只剩下最后一分钟时，场上的比分仍然是 1∶1。

这时，埃弗顿队的守门员杰拉德在扑球时膝盖扭伤，剧痛使得他将四肢抱成一团在地上滚动，而足球恰好被传给了潜伏在禁区的西汉姆联队球员迪卡尼奥。

球场上原来的一片沸腾顿时肃静下来，所有的人都在等待。迪卡尼奥离球门只有12米左右，无需任何技术，只要一点点力量，就可以把球从容踢进对方球门。那样，西汉姆联队就将以2∶1获胜，在积分榜上，他们因此可以增加两分。埃弗顿队之前已经连败两轮，这个球一进，他们就将遭受苦涩的“三连败”。在几万现场球迷的注视下——如果算上电视机前的观众，应该是数百万人的注视下，西汉姆联队的迪卡尼奥没有用脚踢球，而是将球抱在了怀中。

掌声，全场雷动的掌声，如潮水般的掌声，把赞美之情献给了放弃射门的迪卡尼奥，或者说，是献给迪卡尼奥体现出来的崇高的体育精神——和平、友谊、健康、正义！

乐享成败

铁饼冠军和迪卡尼奥为何要放弃？是因为冠军的吸引力不大？当然不是！是因为他们心中拥有最基本的正义，高尚的运动精神与道德就是身为运动员的正义。这样的失败结局却让他们赢得了真正的成功。

符号密码

在火车上，一位中年男子向他同座的女青年讲了一个故事。

一次宴会中，有位美国心理学家提议，请在座诸位用最简短的形式写一篇自传。其中一个满脸沮丧的年轻人神气十足地交给这位心理学家一篇只有三个标点符号的自传：一个破折号（——）、一个感叹号（!）和一个句号（。）。他的解释是：“一阵横冲直撞之后，落了个伤心哀叹，到头来只好完蛋。”

这位心理学家略一沉思，提笔就在这篇自传的下边另外画了三个标点符号：一个是顿号（、）、一个是省略号（……）、一个是问号（?）。心理学家向这位自暴自弃的年轻人解释道：“青年时期仅仅是人生一站，道路漫长希望无边，岂不闻浪子回头金不换?”

这个故事值得对生活心灰意冷的青年朋友深思。我们应当明白：现在的不如意毕竟是暂时的，也仅仅是人生的一小站，丰富多彩的生命旅程还漫长遥远。我们刚刚叩响生活的大门，才渐渐成熟起来，尽管在生活中或事业上经受着一些挫折，承载着一定的磨难和屈辱，却没有理由就此认定自己将如此黯然一生。其实，挫折也是人生经历的一部分，挫折的过程就是一个学习抗打击、抗灾害和提高免疫力的过程，挫折将会逐渐丰富并不断增强我们抵御各种风险和应对各种复杂局势的能力。只要我们怀揣一颗上进的心，一腔爱与智慧的情，恒守一股生命不息、奋斗不止的勇毅之气，善待生活，提炼人生，用真善美滋养自己执著的心灵，在挫折和失败中觉悟事理吸取教训，我们就始终有条件继续捶打奋进的战鼓，尽情投入到人生搏击的长河中，不断体会新的战斗乐趣。

乐享成败

在人生道路中，往往会遭遇挫折和失败，会跌很多跟头。但不慎跌倒并不表示永远的失败，唯有跌倒后失去了奋斗的勇气，才是永远的失败。所以，能否到达心中的目标，首先取决于对脚下道路的信任，是否执著地去追求。执著的人可能失败，却很少被人称为失败。

打开心中的门

五官科病房里同时住进来两位病人，都是鼻子不舒服。在等待化验结果期间，甲说，如果是癌，就立即去旅行，并首先去拉萨，乙也同样如此表示。结果出来了，甲得的是鼻癌，乙长的是鼻息肉。

甲列了一张告别人生的计划表离开了医院，乙住了下来。甲的计划表是：去一趟拉萨和敦煌；从攀枝花坐船一直到长江口；到海南的三亚以椰子树为背景拍一张照片；在哈尔滨过一个冬天；从大连坐船到广西的北海；登上天安门；读完莎士比亚的所有作品；力争听一次盲人阿炳原版的《二泉映月》；写一本书……凡此种种，共 27 条。

他在这张生命的清单后面这么写道：我的一生有很多梦想，有的实现了，有的由于种种原因没有实现。现在上天给我的时间不多了，为了不遗憾地离开这个世界，我打算用生命的最后几年去实现还剩下的这 27 个梦。

当年，甲就辞掉了公司的职务，去了拉萨和敦煌。第二年，又以惊人的毅力和韧性通过了成人高考考试。这期间，他登上过天安门，去了内蒙古大草原，还在一户牧民家里住了一个星期。现在这位朋友正在实现他出一本书的夙愿。

有一天，乙在报上看到甲写的一篇散文，打电话去问甲的病。甲说，我真的无法想象，要不是这场病，我的生命该是多么的糟糕。是它提醒了我，去做自己想做的事，去实现自己想要实现的梦想。现在我才体味到什么是真正的生命和人生。你生活得也挺好吧？乙没有回答。因为他在医院时说的去拉萨和敦煌的事，早已因患的不是癌症而放到脑后去了。

乐享成败

如果书中的甲因为自己的鼻癌而自怨自艾，那么他根本就不可能正常地生活，宝贵的时间都会被他在叹息中浪费掉。可是换一个角度去思考，有时候生命就是很奇特，她在给我们关上一扇窗的时候或许已经偷偷地为我们打开了一扇门。找找你心中的门是否已经打开了呢？

我只比你笨四年

我绝对相信这样一个事实：天才们是基数最小的人群之一。除去他们，我们的智力大多都是差不多的。

四年前，当我杀出人海赢得大学录取通知书时，我万分庆幸，虽然不是多么好的名牌大学，可这也是我努力加运气才换来的，心里十分自豪。但那次我碰上了你。

同是一年出生的，我站在大门口的姿态与你就相差了不止千万里。不是比服装、比家底，但确定我们恰巧是同学后，你随意的谈吐、优雅自信的手势、洞察力惊人的眼神等，立刻把我们的距离拉大到近乎无限远。我最开始的自信被你轻松地一压迫，就立刻跑到爪哇国去了。

你谈天气讲到空气涡轮效应，谈运动讲F1赛车转弯的技巧，谈文学讲萨特哲学小说中的形而上学。而指着松树，你又说起作为一个伐木工若是在冬天里伐倒一棵大红杉要如何注意纹理等技术。转过头来，你就说其实黑胶唱片的音质质感是别的东西替代不了的。

等到我们被分到同一个寝室，你又神奇而理所当然地从你不大的行李箱里把生活用品、学习用品放在所有恰当的地方。并指挥着我一同重新安排寝室布局，还告诫我哪些东西需要注意使用，哪些去哪里采购可以找到最合适的，而你事实上也只不过比我早到一天而已。在那以后，我的位置跟你一比永远乱糟糟的，别扭又不整洁，而你的位置干净、合适，东西永远比我的显得恰到好处，看起来就养眼。

我彻底被你的光芒所遮隐了。

我努力学习，你却总可以轻易地翻过书后就告诉我注意若干个要点即可。自然，所有奖学金也被你轻而易举地收入囊中，只是找了一间不大但异常有格调的馆子请我吃了一顿你都能说出做法的好菜。

你的朋友遍布全校，不是多到泛滥却每个都大有来头。你干起事情来从来都不愁找不到合适的人手和资源，偶尔消失一阵子后回来就做成了一件大活动或是用外快添了一件新行头。

我迷上了摄影，你就拿出几年前的旧设备小小武装了一下，让我拿去“玩玩”。见到我这个菜鸟用那套机器后，懂行的人都特羡慕我哪儿淘来的这么好的自配攒机，还问我这个二手的当新的卖不卖。我的照片你拿去给我参赛，结果得了个一等奖，其实我知道那是你临时构图又帮忙在暗房洗出来的。

终于有一天，你开始发现我好像有些想法你没想到，而且还不错。你发现周围有人开始知道我的存在，并且有人提议要我加盟策划工作。而那天拍照片时的一个技术细节你没争过我，最后想想说还是按我说的做更好。

毕业的那次聚会上，以我和你的名义，我们办了一场浩大的活动，还有一顿热闹而成功的散伙饭。在这之前，我知道了我已被上海的一个公司的老总留用，而你在名牌大学异地保研成功。于是我们大醉一场。中间我们节目不断，你拉大提琴而我用 DV 做了个漂亮的短片，而且在你忘了曲谱的时候我给你鼓掌打拍解了围。一切都很完美。

回到寝室，你执意互换床铺，躺在我尚算干净的床上。看见我收拾好不大的行装，你突然问我：“告诉我，你怎么把我撵上的?”

我爬到你的头旁边，对着你的耳朵小声说：“我只比你笨四年!”

乐享成败

每个人终其一生都在不断追求自己的人生成长。不管别人的光芒有多么耀眼，我们总有属于自己的璀璨；不管别人的嗓音有多么宏亮，我们也总有来自心灵深处的歌。寻找心灵坐标的人，也在寻觅着人生的定位，做好自己，依靠自己，终有一天会发现，我们自己也能无所畏惧，用不变的从容，微笑着迎接明天。

赢得人生

在人生的道路上，在追求事业的征途中，每个人都会遇到诸如晋升不利、就业不成、受压制和遭排挤等形形色色的不顺。在困境面前奋斗、进取，还是消沉、堕落，这往往是一个人能否在不断追求中取得成功的关键所在。

人生并非理想化的，我们要勇于接受前进道路上的各种考验，不断开拓进取，与时俱进，百折不挠，做一个勇敢的跋涉者。须知风雨过后是彩虹，冬天过去春自来。只要能坦然地面对生活，面对苦难，面对挫折，那么坎坷就会化为坦途，眼泪就会化为歌声，陷阱也会助你成功，你就将成为把握自己命运的“主宰”。

有一座山，高耸入云，飞鸟难越，没有人知道它有多高。山前山后有两条路可供攀登，前山大路石级铺就，笔直坦荡；后山小路，荆棘丛生，蜿蜒曲折。

一天，父子三人来到山脚。父亲举手遮阳，眺望峰顶，声如洪钟：“你俩比赛爬上这山。上山有两条路，大路平而近，小路险而远。选择哪条路，你们自己定。”哥俩儿思忖再三，各自凭着自己的选择踏上征程。

两个月过去了，一个西装革履的身影出现在峰顶——哥哥走来了。他骄傲地走向充满期待的父亲，说：“我赢了，我赢了！这一路真是一帆风顺，在坦荡的大路上我只需不断向前。舒缓的坡度让我走得从容，平整的石阶使我心旷神怡。这里没有岔道让我伤神，没有突出的山石使我绊脚。实践证明，在平坦和崎岖间，只有傻瓜才会放弃平坦，选择崎岖。我获得了胜利!”

父亲慈祥地看着他：“你选择得的确聪明，一路走得也十分风光，我的好儿子……”

这之后不知过了多久，又一个身影出现了：他步伐稳健，全身充满着生命的活力。尽管瘦削，衣衫褴褛，但双目炯炯有神，透着聪慧与睿智。弟弟微笑着走向父亲和哥哥，从从容容地讲起路上的故事：“哦，这是多么有意义的一次旅程！感谢您，父亲，感谢您给我选择的机会。一路上，陡峭的山崖阻挡着我攀爬的脚步，丛生的荆棘刺破了我裸露的臂膊，疲惫的身心增添着孤独的酸楚。但我坚持住了，我学会了灵活与选择，学会了机敏与自卫，学会了独立与坚忍。路边的美丽景色，使我放慢脚步享受自然的馈赠。在山脚下，我看见山花烂漫，彩蝶翩翩，于是我与山花同歌，伴彩蝶共舞。在山腰，我看见绿草如茵，华木如盖。我拥抱自然的和弦，追逐欢快的节奏。这些往往是我最快乐的时光，可更多的时候是阴冷浓雾的环抱。放眼望去，黄叶连天，衰草满路，但我在黄叶林中看到丰硕的果实，从衰草丛内悟出新生的希望。我感觉自己在成熟，一寸寸地成熟。再往上，是没有一点生机的寒风和石砾，我曾想过放弃，但曾经的艰辛温暖着我，启迪着我，给我力量，给我信心，使我忘掉比艰险更艰险的死寂，抛掉比痛苦更痛苦的迷茫。我最终到达了这里！一路上，我阅尽山间春色，也饱尝征途冷暖，为此，我感谢您。”哥哥露出不解的眼神，但随即消失，他说：“可是你输了！”

“是的，”父亲遗憾地说，“孩子，你输掉了比赛……”

弟弟极目远方，脸上露出平和的微笑：“但是，我赢得了人生！”

乐享成败

人生就是这样，正是因为崎岖，才更多了几分韵味，才更显得丰富。平坦纵然快捷，但却无法与崎岖之丰富相比——人生之崎岖往往在于其中包含智慧和成熟。

做自己人生的赢家

每个人在一生中都有一门重要的学问要学，那就是怎样去面对“失败”。可以说，对失败处理得好坏往往就决定了一生的命运。要记住这句话：“面对人生逆境或困境时所持的态度，远比任何事都来得重要。”

有些人在经历了一些挫折失败后便开始消沉，认为不管做什么事都不会成功。这种消极的信念蔓延开来，让他觉得无力、无望，甚至是无用。如果你要想成功，要想追求所企望的美梦，就千万不要有这样的想法，因为那会扼杀你的潜能，毁掉你的希望。

像这样具有摧毁性的心态在心理学上叫无用意识，这是指一个人在某方面失败的次数太多，便自暴自弃地认为自己是个无用的人，从此便停止任何尝试。

其实，人生之光荣，不在于永不失败，而在于能屡仆屡起。对每次跌倒能立刻站起来，每次坠地反而像皮球一样跳得更高的人，是无所谓失败的。人生是一条没有尽头的路，不要留恋逝去的梦，而要把命运掌握在自己手中，这样，在艰难前行的人生途中，就会充满希望和成功。

有时候，成功的道理并不深奥，对于每个人来说，其实就是简简单单的一句话：鼓起你的勇气，乐观面对每一天。

美国从事个性分析的专家罗伯特有一次在办公室接待了一个流浪汉。

那人进门打招呼说："我来这儿是想见见这本书的作者。"说着，他从口袋中拿出一本名为《自信心》的书，那是罗伯特许多年前写的。

流浪汉说："一定是命运之神在昨天下午把这本书放入我的口袋中的，因为我当时决定跳入密西根湖，了此残生。我已经看破一切，认为一切已经没有希望，所有的人都抛弃了我。但还好，我看到了这本书，它使我产生了新的看法。这本书为我带来了勇气和希望，并支持我度过昨天晚上。我已下定决心，只要我能见到这本书的作者，他就一定能帮助我再度站起来。现在，我来了，我想知道你能替我这样的人做些什么。"

在他说话的时候，罗伯特从头到脚打量流浪汉，发现他茫然的眼神、满面的皱纹、纷乱的胡须以及沮丧的神态，这些向罗伯特显示，他已经无可救药了。但罗伯特不忍心对他这样说。罗伯特请他坐下来，要他把自己的故事完完整整地说出来。

原来，流浪汉是因开办的企业倒闭，负债累累，离开妻女到处流浪，因而悲观绝望。

听完流浪汉的故事，罗伯特想了想，说："虽然我没有办法帮助你，但如果你愿意的话，我可以介绍你去见本大楼的一个人，他可以帮助你赚回你所损失的钱，并且协助你东山再起。"罗伯特刚说完，流浪汉立刻跳了起来，抓住罗伯特的手，说："看在老天爷的分上，请带我去见这个人。"

流浪汉提出这个要求，表明他心中仍然存在着一丝希望。罗伯特拉着他的手，带着他来到从事个性分析的心理试验室里，和他一起站在一块看起来像是挂在门口的窗帘布之前。罗伯特把窗帘布拉开，露出一面高大的镜子，他可以从镜子里看到自己的全身。

罗伯特指着镜子说："就是这个人。在这个世界上，只有一个人能够使你东山再起，我要你坐下来，彻底认识这个人。你要当做你从前并未认识他，否则，你只能跳进密西根湖里，因为在你对这个人做充分的认识之前，对于你自己或这个世界来说，你都将是一个没有任何价值的废物。"

流浪汉朝着镜子走了几步，用手摸摸他长满胡须的脸孔，对着镜子里的人从头到脚打量了几分钟，然后后退几步，低下头，开始哭泣起来。过了一会儿，罗伯特领他走出电梯间，送他离去。

几天后，罗伯特在街上碰到了这个人。他已经不再是一个流浪汉的形象——他西装革履，步伐轻快有力，头抬得高高的，原来那种衰老、不安、紧张的姿态已经消失不见。他说，他感谢罗伯特先生，让他找回了自己，并很快找到了工作。

后来，那个人真的东山再起，成为芝加哥的富翁。

如今，在很多的成功训练课里，都有这样一个"照镜子"的课程。每位失败的朋友和追求成功的朋友，进去"照一照"，定会与你以往出门前"一照"的效果大不一样。

当一个人相信困难会长存时，那就有如在他的神经系统中注入了致命的毒药，你别指望他会拿出任何力求改变的行动。同样，当你听到别人跟你说这个困难会没完没了的话时，可千万别轻信，最好离他远一点。不管人生中遇到什么不顺的事，你都一定要记住："这件事迟早是会过去的。"只要你能坚持下去，终会有云散天开见月明的一刻。

人生中的赢家与输家、乐观者与悲观者的一个差别，在于是否相信困难的"无所不在"。乐观的人从不相信人生处处都是困难，因而不会让一个困难便把自己绊住，反而会把困难视为是一种挑战。

那些悲观的人，只因在某一方面失败，便一意孤行地相信在其他方面也会失败，结果就真的如他们所想，在金钱方面、家庭方面、工作方面乃至人际关系方面都出现了问题。他们既无力管好自己的信念，当然对其他的事情也就无能为力了。

乐享成败

相信困难“永远存在”且“无所不在”是很伤人的，所以，当你碰到困难时，一定要确信自己能找出解决之道，并且立刻拿出相应的行动，相信必然能很快地消除这些消极的观念，勇往直前，获得成功。

命运需要执著

曾听过这样一个故事。

乔女士曾是一位企业的员工，后因公司破产下岗了，几个月也没有找到满意的工作，一次她偶然得知一家著名的香港公司要在上海成立分公司，总裁正在寻觅一个合适的人选，公司正好同乔女士原先供职的企业生产同一种产品，对业务她是轻车熟路，但公司的条件却固执而霸道：男，博士生，35 岁以下，精通业务。乔女士的文凭只是大专，性别不符，已经 38 岁，成功的概率几乎为零，但她决定试试，顶着朋友、家人、现实的重重压力，她做好充分的准备，当然也做了接受失败的准备。

在总裁下榻的宾馆房间里，她礼貌地递上自己的简历，可总裁一见她是女性，连看也没看，便要赶她出去。面对拒绝，她没有灰心，不敢再去总裁门口惹麻烦，便守在电梯门口，等他下楼吃饭时，她用浓缩成精华的语言告诉总裁，竭力说明自己可以干好这份工作。就这样，一连 6 天，她如此这般，趁总裁吃饭或外出的空当恰到好处地推销自己。第七天，老板收下了她的简历，并微笑着告诉她："我很敬佩你的执著，但我已录用了一个男博士，请你回吧。"

第九天，上海下起了大雨，乔女士不顾家人阻拦，又毅然出发了，她想找一个低一级的工作也行呀。天下着瓢泼大雨，大风卷起一尺高的水气斜掠过来，乔女士艰难地来到总裁住处，却只见总裁一人坐在沙发上抽烟，脸上有些不耐烦的神情。原来总裁在等他的男博士，已经过了约定时间，只可惜这个男博士是个娇贵的人，自认为总裁会取消约定，于是在家等总裁电话。乔女士则趁这次机会向总裁详细地讲述了她的看法和经营理念，总裁感到女子也是优秀的。

中午，风停雨消，博士匆匆赶来，总裁怒道："你已经被辞退了，虽然你还未上岗，这位女士将代替你管理公司。"乔女士和博士都怔在那里，总裁说："我曾给过你机会，你不知珍惜，而这位乔女士，虽然条件不及你，但她执著而坚定，公司需要的正是这样的人。乔女土，谢谢你让我做出了正确的决定，你的热情感动了我，祝贺你。"从此，乔女士刻苦钻研，终于在事业上取得成功。

命运不是天定的，事情也不会一成不变，关键要把握机遇，勇敢而执著地向目标迈进，风雨过后是彩虹，下定决心，定能成功。

乐享成败

绳锯木断，水滴石穿。在执著的信念面前，再坚硬的冰也将被融化，再高的山峰也将被征服。正如文中的乔女士，执于一念，屡败屡战，终于将机遇抓住。虽然一路风雨，但是前途阳光明媚。

窗外的天空很蓝

比尔大学毕业后应征入伍，被派遣到美国海军第七陆战队第五特遣队。

就在比尔兴冲冲地前去报到的一周后，还没等他充分欣赏和享受加州那迷人的海滩、和煦的阳光，他所在的部队便奉命开赴沙漠地区，进行野外生存训练。

对比尔来说，这次训练既令他兴奋又令他紧张。兴奋的是可以领略沙漠美丽的风光，紧张的是他不知道即将开始的生活是什么样。然而，初见广袤沙漠的喜悦和兴奋，也就在他的内心停留了两三天，便被严酷的生存训练课所吞噬。

比尔躺在自己挖的沙窝里，一分一秒地忍受着耐力训练给他带来的孤寂与焦躁。他想找一个人聊一聊，可离他最近的列兵约翰也有 30 米远，他们无法交谈；他想睡一会儿，可又怕毒蛇和沙暴的突然袭击。他只感觉眼前漫天的黄沙仿佛是一台榨油机，正一点一点将他内心的那份坚强与自信榨干。

然而，这一切只是他们这次训练的开始。

就在他来到沙漠的第十五天，他给他的父亲——一位陆军将军写了封信，希望父亲能利用他在军界的关系将他调离特遣队。

之后，等待变成了他每日军营生活中唯一的希望。

一周后，他接到了父亲的来信，父亲在信中只给他讲了这样一个故事：

那是在第二次世界大战时，在纳粹的奥斯维辛集中营的一个狭窄的囚室里关着两个人，他们唯一能了解世界的地方，是囚室里那扇一尺见方的窗口。每天早上，他俩都要轮流到窗口眺望外面的世界。

一个人总爱看窗外的天空，看蓝色天空中的小鸟自由地翱翔；另一个人却总是关注高墙和铁丝网。前者的内心豁达而高远，而后者的心里却充满了焦虑与恐惧。

半年后，后者因忧郁死在狱中；前者却坚强地活了下来，直到获救。

同样的环境为什么孕育了两种不同的人生态度？还有什么事情比一个人能够努力地活下去更了不起的呢？还有什么能够比一个人每天早上醒来，看见早上的阳光、蓝天，更令人愉快呢？如此一想，比尔的心窗亮了。

在接下来的训练中，比尔的内心仿佛又充满了活力，他没有辜负父亲的一片苦心，并在那次艰苦的训练中，因表现出色而获得嘉奖。

人生中，确实会有许多问题困扰着你，不同的是，同样的困境中，有的人失败了，有的人成功了。之所以会出现这样的结果，问题就在于有人只希望脱离苦海，有人却希望获得应付问题的力量。

乐享成败

心境决定命运。若一个人的心里长存美好，那么他眼睛里看到的、耳朵里听到的都是美好的事物。所以带着坚定执著的满是希望的心出发，才会在困境中体味到生活的美好。

轮椅上的总统

富兰克林·罗斯福是美国的第 32 任总统。但你一定想象不到，这位备受人民爱戴的总统是一位残疾人，是一位坐在轮椅上的总统。

在他 38 岁时，罗斯福已成为一名参议员，前途一片光明。然而，一年后，他在度假游泳时忽然感到腿部麻木，一动也动不了。

医生诊断后告诉他：“你患的是脊髓灰质炎，从此两条腿将会瘫痪，或许以后只能坐在轮椅上……”

面对这样沉重的打击，罗斯福非常痛苦，周遭的人们也为他而深深地惋惜。

但是，罗斯福并没有气馁。他不希望自己成为家人的负担，不愿意依靠别人把自己抬上抬下。于是他常常在晚上一个人偷偷上楼梯。他用手臂的力量将身体撑起来，然后挪到台阶上，再把腿拖上去，就这样一级一级艰难地爬楼梯。

母亲看到后心疼地直流泪，劝说道：“我们还是回纽约州的庄园去吧！在那里，你可以做一名乡绅，悠闲地过你的下半辈子……”

罗斯福坚定地回答说：“我必须自己帮自己站起来！我的事业和理想绝不能就这样结束。”

由于不懈地努力，罗斯福在 46 岁时当选为纽约州州长。四年后，他成功地当上了美国总统，并且成为美国历史上唯一连任 4 届的总统。几乎所有人都忘记了他是一位残疾人，因为他总是以积极乐观、强壮有力的形象出现在人们面前。

乐享成败

人生是一个漫长的旅程，一时的得失说明不了什么。也许会有小小的挫折，但绝没有终极的失败。只要我们还活着，还在努力和尝试，就永远有改变一切的希望和可能。如果轻易给自己下了失败的定语，那无异于给自己判了死刑。可以休息，可以调整方向，但是绝不能放弃。

第二章

把失败当做人生的礼物

人的一生总会遇到一些逆境和挫折，而这些逆境与挫折，是上天要你去征服它们的。每征服一次挫折，就会多一些成长，而这些历练都是要靠你自己去完成的，没有人能替代。对挫折和失败的体验，能使人对风险应付自如，挫折、失败越多，应付问题越从容，以后的成功可能会越多。

把失败写在成功的背面

一位从小梦想成为赛车手的年轻人在部队服役时开过卡车，退役后他到农场去开车，并在工作之余参加技能训练和比赛，为此他负债累累。

那一年，他参加了威斯康星州的赛车比赛。当赛程进行到一半多时，他的赛车位列第三，很有希望在这次比赛中获得好的名次。

突然，他前面那两辆赛车发生了相撞事故，他迅速地转动赛车的方向盘，试图避开它们。但终因车速太快未能成功。结果，他撞到车道旁的墙壁上，赛车在燃烧中停了下来。

当他被救出来时，手已经被烧焦，鼻子也不见了，体表烧伤面积达40%。医生给他做了7个小时的手术之后，才使他从死神的手中挣脱出来。

经历这次事故，他的性命保住了，可他的手萎缩得像鸡爪一样。医生告诉他说："以后，你再也不能开车了。"

然而，他并没有因此而灰心绝望。为了实现那个久远的梦想，他决心再一次为成功付出代价。他接受了一系列植皮手术，为了恢复手指的灵活性，每天他都不停地练习用手的残余部分去抓木条，有时疼得他浑身大汗淋漓，而他仍然坚持着。

他始终坚信自己的能力。在做完最后一次手术之后，他回到了农场，用开推土机的办法使自己的手掌重新磨出老茧，并继续练习赛车。

仅仅9个月之后，他又重返赛场了！他首先参加了一场公益性的赛车比赛，但没有获胜，因为他的车在中途意外地熄了火。不过，在随后的一次全程200英里的汽车比赛中，他取得了第二名。

又过了2个月，仍是在上次发生事故的那个赛场上，他满怀信心地驾车驶入赛场。经过一番激烈的角逐，他最终赢得了250英里比赛的冠军。

他，就是美国颇具传奇色彩的伟大赛车手——吉米·哈里波斯。

当吉米第一次以冠军的姿态面对热情而疯狂的观众时，他流下了激动的眼泪。一些记者纷纷将他围住，并向他提出一个相同的问题："你在遭受了那次沉重的打击之后，是什么力量使你重新振作起来的呢？"

吉米把一张这次比赛的宣传图片展开，正面是一辆迎着朝阳飞驰的赛车，他再打开背后，上面有一句用黑色墨水写的凝重的话：把失败写在背面，相信自己一定能成功！

乐享成败

把失败写在背面，用痛苦守候欢欣，吉米迎来了他赛车道上的伟大成功！可见，生命最怕的不是痛苦，而是麻木。如果一味地沉浸在悲伤中，就会错过赶路的时间；在经历痛苦的时候，只要心里仍有成功的热望，不放弃对梦想的追求，就可以把败局彻底扭转！

失败和苦难是人生的财富

那晚看湖南卫视《背后的故事》，请来的嘉宾是台湾地区著名的音乐制作人包小柏。熟悉他，是他在"超女"、"快男"之类选秀节目上做评委，给歌手做点评时，他总是颠覆传统的套路，语出惊人，非常犀利地指出歌手的问题所在。据说，包小柏因此被娱乐界人士称为“毒舌”。还有他的神情冷峻、不苟言笑，使很多刚出道的新人看到他恨不得绕道而行。我很好奇，包小柏究竟有着怎样的经历，能让他成就了如此冷静淡定的气质？那晚的访谈揭开了这个谜底。

原来，早在20年前，17岁的包小柏和他的孪生哥哥包小松就组成了台湾地区最早的男孩偶像组合，他们的歌舞在当年风靡一时，唱片大卖。所有别人翘首企盼的东西，他们在一夜之间都拥有了。

到了服兵役的年龄，包小柏兄弟双双入伍。他们相信，两年后他们再回来，还会有大批的歌迷在忠实地等候着。可等到23岁退役之后，包小柏发现娱乐圈却已不再是自己熟悉的样子了。有更多的新歌手走红，观众们的视线也早就转移了。

接下来的生活变得异常艰辛。最为窘迫的时候他连房子都租不起，好不容易争取来的上台机会，是帮其他的歌手暖场。现实的不如意让包小柏决定转行去做生意，可又赔得一塌糊涂，他觉得自己不是做生意的料。

似乎已经到了人生的谷底，落魄的包小柏决定重新回头做音乐。他在音乐工作室当上了一名管杂事的制作助理，抓住一切机会提高自己的技能，躲在厕所里写歌，为了说服歌手适应某种曲风他甚至给别人下跪。6年之后，他成了华纳唱片的音乐总监。

当屏幕上播放包小柏20年前的录像时，我注意到，包小柏对着那个迈着夸张的舞步、又蹦又跳的自己说了一句：那时的我真丑。少年得志是很多人的梦想，张爱玲都说了出名要趁早。可相比而言，我觉得那个顺风顺水、名利双收的少年偶像，远远没有现在的这个冷静沉着、内敛而丰富的音乐制作人有魅力。他对音乐的理解变了，对人生的感慨也更深刻了，吃苦的经历让他完成了破茧成蝶的转变。

那些早早成名的孩子，那些生活过于顺利的孩子，他们错过了人生最为难得的吃苦经历。事情做得越顺利，苦吃得越少，对生活的理解和认知就越浅薄。这些年有多少少年明星，一阵风一样红起来，转眼又风头尽失，甚至连普通人都不如。

美国童星麦考利·卡尔金就是一个例子。他 8 岁时成为《独自在家》的男主角，为福克斯公司带来了 8.2 亿美元的巨额票房收入。此后，他又拍摄过《小鬼当家》等著名影片，成为美国家喻户晓的童星。太早的出名把这个孩子给宠坏了，麦考利开始生活放荡，把头发染成各种奇怪的颜色，连续旷课，酗酒成性，屋里弥漫着尼古丁的烟雾和垃圾的臭气。电影公司的摄影师们则经常要到夜总会里把麦考利抓回去拍戏。还没满 18 岁他就结婚了，两年后分手。这个孩子让喜欢他的人非常失望，太早的成名和太顺利的生活几乎毁掉了他。

我有一个朋友是在被父母过度的保护下长大的，她一路顺利地上学、工作，到单位上班还是被爸爸送来的。她的爸爸甚至为办公室里的同事们准备了礼品，恳求大家对这个女孩多多照顾。到了该买房成家的年龄，爸爸又拿出毕生的积蓄给她买了房子。当爸爸老了，很虚弱，再无力照顾她时，她感到害怕，惶恐，不知所措。她觉得自己似乎被整个世界抛弃了。

这个在蜜糖般的爱中长大的孩子，很有感触地说，看来凡事过于顺利了不是什么好事，要是早早多吃些苦，我可能会比现在坚强得多。

是的，吃苦才是年轻人最不应该拒绝的事情。家里精心种植的花草常会莫名其妙地枯萎，而野生的植被不管旱涝却总能保持郁郁葱葱的活力；身体健康的人常常会因为挫折选择自杀，而在医院里住过重病病房的人出来后却更愿意好好活着。

过于顺利的成长和过早的成名，像一颗裹着巧克力的慢性毒药，消磨了人的意志，迷惑了人的心智。吃苦才是一剂良药，苦的滋味固然不好受，但吃苦的经历却能让人沉淀出智慧和力量，让心灵变得强大而宽阔，表现出生命的张力和丰富。

乐享成败

不经过磨难的人，对人生的意义与价值的理解就会很浅显，即使天天过着天堂般的生活，也感觉不到美好，更不懂得去珍惜，一旦遭遇什么事情，就很难单独面对。而那些吃苦很早的人，如果在磨难中磨炼了坚强的意志，有了抵御挫折的本领，还会怕成功道路上的那些挫折吗？

灾难中缔造的传奇

在这世界上，最悲惨的并不是遭遇灾难，而是一生都无法走出灾难的阴影；在这世界上，最幸运的并不是在灾难中能够逃生，而是能在灾难中学习到生存的智慧，从而成就自己的一生。

32 年前，一场惊天动地的大地震夺去了唐山无数人的生命。地震过后，年仅 8 岁的他呆坐在地上，望着眼前的废墟，很久都没说一句话。幸存下来的哥哥姐姐们一边哭着一边抱着他安慰着。在不久之前，大地震残酷地夺走了他父母的生命，他也一下子从最受父母宠爱的孩子，和哥哥姐姐们一样变成了孤儿。

逝者已然离去，生者还得继续生活。经过政府的大力救援，地震中的灾民都得到了妥善的安置。然而，地震将一座城市彻底摧毁了。虽然有政府的大力支持，但这些身心疲惫的幸存者们想要在废墟上重建家园，其生活的艰辛可想而知。

失去了父母的他和哥哥姐姐们，日子过得更是艰难。在之后的几年里，幸存下来的几个兄弟姐妹都在拼命赚钱养家，共渡难关。而年纪最小、性格内向的他，在地震之后，为了给家里分担压力，便瞒着大家四处捡垃圾赚钱。这时的唐山，已经开始了恢复建设，谁都不忍心让自己的孩子去捡垃圾，一些不懂事的孩子有时还会故意嘲笑捡垃圾的同龄人。性格刚强的他强忍着别人的嘲笑，加倍地到四处搜捡废品，两只手在捡垃圾的过程中被划满了伤口。

后来，细心的哥哥发现了他手上的伤口，在哥哥的追问下，他才告诉大家这些日子自己一直在捡垃圾，并把捡垃圾积攒下的钱交给了哥哥姐姐们。他拿出钱的那一刻，全家人都心酸不已地抱在一起失声痛哭。后来，哥哥姐姐们问他，从小就最内向最害羞的他怎么能有勇气在众目睽睽之下捡起了垃圾。他仰起头对哥哥姐姐们说道："那么多躺在地下的人，连捡垃圾的机会都没有了，我还有什么放不下面子的？"

弟弟的话，让大家都吃了一惊。这时，他们才发现地震给他带来的改变，远比他们知道的要多。后来，哥哥姐姐们惊奇地发现，他像彻底换了一个人似的。只要是能改变家里生活条件的工作，他都去干，根本不在乎所谓的面子。后来，政府照顾地震中的孤儿，特意把他安排到了工厂去当学徒。进了工厂之后，最苦最累的活他都干过，凡是不懂的地方都虚心向人请教。虽然在工作中因为自己太稚嫩的原因，或多或少地遭到了一些白眼和冷嘲热讽，可他毫不放在心上，放下面子下苦功练就了一身好技术。

他的刻苦踏实、勤奋能干很快就吸引了一个女孩儿的目光。女孩儿被他身上这种精神深深打动了。后来，两个人喜结连理。婚后，他的干劲儿更足了，工作也越来越顺利。1989 年，他在妻子的大力支持下，开始了创业。他靠做早点、卖豆腐、养猪的家庭副业积累了一定的资金。接着，他将辛苦积攒起来的资本都投入到了废钢的生意中。

然而，踌躇满志的他说什么也没想到自己很快就栽了个大跟头。因为对废钢行业不是太了解，加上其他一些原因，他的投资很快就都赔了进去。这时，以前借给他钱的债主们也纷纷找上门来，刚刚好起来的家境一下子又紧张了起来。就在这最关键的时刻，妻子坚定地站在了他的身边，鼓励他冷静地分析一下形势，只要想好了，不管怎样都坚持做下去。

有了妻子的支持，他开始仔细琢磨起了废钢生意的前景。经过慎重考虑之后，他认为这个行业是有非常大的市场的，最后还是决定继续做这个行业。于是，他和妻子一边还上了债主们的债，一边重新做起了家庭副业来积累资金，然后将起早贪黑赚来的钱全部投在废钢生意上。

他的大胆举动让和他做生意的人都有些吃惊。有些好心人劝他，没必要把所有的钱都投在这个生意上，这样风险太大。他告诉对方，自己的本钱太少，不全部投入根本就做不起这个生意。更重要的是，在地震过后，他明白了一件事情——家园在被彻底摧毁之后都能再建设起来，这世界上还有什么输不起的呢？

因为他头脑灵活，做人守信，所以生意很快就有了起色。短短的几年里，他的生意越做越大，很快就成了当地知名的企业家。接着，夫妻两个人又不断扩大经营，很快就成了同行中的佼佼者。

后来，他又在天津建了新厂，利用天津的地理优势将生意越做越大。钱赚得越来越多，可他仍旧保持着本色。吃饭时很随意地在小饭馆里就解决了；手下的员工们私下里都亲切地叫他“六哥”；最喜欢的休闲方式就是回老家和“发小”们一起打牌。赚来的钱，除了用在生意发展上之外，其他的大多用在了慈善事业上。他默默地捐款铺桥、修路、建学校，却从来不让人知道。因此，很多人因为他的善举得到了方便，却都不知道捐款人是谁！

时间一长，朋友们渐渐知道了他大量捐款的事情。有人便提醒他，自己还是应该多留点儿钱，以备将来生意上周转应急之用。他感谢了对方的好意，接着指着窗外动情地说道：“我有钱了，是这些员工们的董事长；我没钱了，还是他们的‘六哥’！财富是流动的，我不过暂时是个财富的保管者罢了。我在当年的大地震中能活下来，就是因为有那么多好心人的帮助！别人帮助了我，我再去帮助别人，这样就形成了一个良性循环。内心充满感恩的人没有太多的欲望，自己也活得轻松，何乐而不为？”

他的话，让朋友感动不已，异常钦佩地看着他，久久无语。

2008 年 5 月 12 日，一场突如其来的大地震牵动了所有中国人的心。不久，他和妻子含着热泪参加了中央电视台的赈灾晚会，看着台上刚刚从灾区赶来的同胞，被深深感动的他当场捐献出了1亿元人民币的巨款！他的善举，也带动了越来越多的人投入到这场感人的救助中去。

他就是张祥青，荣程钢铁集团董事长，一个唐山大地震的孤儿，一个为汶川大地震尽全力提供帮助的企业家。

人生在世，谁也无法躲避灾难的发生。这灾难可能是天灾，也可能是人祸，我们不能左右灾难，却能选择是否在灾难中学习到生存的智慧。一个人若是从灾难中学会了抛弃世俗的虚荣，变得乐观豁达，拥有感恩的心态，那么无论对个人还是对社会，都是不幸中的万幸。中华民族是这世界上最坚忍的民族，我们的民族之所以屹立千年而不倒，就是因为我们的国人善于在灾难中学习，在灾难中奋起！

乐享成败

在人的一生中，谁都有可能遇到各种各样的灾难。灾难会让人改变很多，尤其是增强了我们生存的勇气和生活的信心。只要我们能保持积极的人生态度，勇敢地面对灾难，那么一切都会重新好起来。灾难甚至可能在我们的手里变为奇迹。

第一个被录取的人

某大公司招聘人才，应聘者云集。其中多为高学历、多证书、有相关工作经验的人。

经过三轮淘汰，还剩下11个应聘者，最终将留用6个。因此，第四轮由总裁亲自面试，将会出现十分“残酷”的竞争场面。

奇怪的是，面试考场出现了12个考生。总裁问：“谁不是应聘的？”坐在最后一排最右边的一个男子站起：“先生，我第一轮就被淘汰了，但我想参加一下面试。”

在场的人都笑了，包括站在门口闲看的老头子。总裁饶有兴趣地问：“你第一关就过不了，来这儿有什么意义呢？”男子说：“我掌握了很多财富，我本人即是财富。”

大家又一次笑得很开心，觉得此人不是太狂妄，就是脑子有毛病。男子说：“我只有一个本科学历，一个中级职称，但我有11年的工作经验，曾在18家公司任过职……”总裁打断他：“你的学历、职称都不算高，工作11年倒是很不错，但先后跳槽18家公司，太令人吃惊了，我不欣赏。”

男子说：“先生，我没有跳槽，而是那18家公司先后倒闭了。”在场的人第三次笑了。一个考生说：“你真是倒霉蛋！”男子也笑了：“相反。我认为这就是我的财富！我不倒霉，我只有31岁。”

这时，站在门口的老头子走进来，给总裁倒茶。男子继续说：“我很了解那18家公司，我曾与大伙努力挽救那些公司。虽然不成功，但我从那些公司的错误与失败中学到了许多东西，很多人只是追求成功的经验，而我，更有经验避免错误与失败。”

男子离开座位，一边转身一边说：“我深知，成功的经验大抵相似，而失败的原因各有不同。与其用11年学习成功经验，不如用同样的时间研究错误与失败。别人的成功经历很难成为我们的财富，但别人的失败却是！”

男子就要出门了，忽然又回过头：“这11年经历的18家公司，培养、锻炼了我对人、对事、对未来的敏锐洞察力，举个小例子吧——真正的考官，不是您，而是这位倒茶的老人。”

全场11个考生哗然，惊愕地盯着倒茶的老头。那老头笑了：“很好！你第一个被录取了，因为我急于知道——我的表演为何失败。”

乐享成败

凡事都有转变的余地，重要的是你如何发现转变的机会。失败并不可怕，可贵的是在失败的过程中有所收获，有所感悟，这样的失败将会成为你转败为胜的第一要素。

我可以，大家也可以

棉纸撕画家温鹏弘儿时患了重度脑性麻痹，无法站立行走，从出生以来直到十四岁以前都是过着在地上爬行的生活。一直到十四岁时，才拥有了第一辆轮椅代步行走。

虽然人生如此坎坷，但他从未向命运低头，而是不屈不挠、奋发向上，曾经荣获“终生学习楷模奖章”。

虽然比别人失去了很多正常的生理功能，但是他从小就刻苦自学，还想办法克服语言发音的障碍。1992 年，他以口试的方式正式通过小学学历鉴定，那一年他刚满二十八岁。到目前为止，他仍然顽强地坚持自学，目前已经达到高中的教育水平。

他三十岁时才开始学习棉纸撕画创作，起初他以为只是将棉纸撕碎、搓揉，然后贴在画纸上而已，学起来应该很容易，可是等到深入钻研以后，他才发觉并不是想象中那么简单。然而他并没有放弃，凭着爬行了十四年的顽强意志，自创了温馨工作室，专门研究撕画。

后来他还多次到学校演讲，给孩子们做报告，将自己人生奋斗的经验和他们共同分享。

他常常鼓励年轻人说："不要放弃自己，不要放弃热爱的生命，我辛苦爬行十四年都没有放弃，你们碰到一点儿挫折算什么？我可以，大家一定也可以。"

十四年的爬行经历，让他最后在轮椅上成为了一名撕画家。

乐享成败

谁也不愿意经受苦难，但是苦难往往也是一种经历，一种启迪，甚至是一种资本。它能让你更好地面对困难，面对自己，面对未来的艰辛和辉煌。

一只疯狂的蝉

她出生于河南南阳一个普通的农民家庭，两岁那年因为用药不慎，致使双耳失聪。从此，她的世界失去了声音。她的父母十分伤心，可她却并不知道自己与其他孩子有什么不同。随着时间的推移，她竟然慢慢地有了意识。当她看到别的小孩只要嘴一动，大人就满足了他的要求，而她怎么用力地叫喊，别人却只是用眼睛惊讶地看着她，也不帮她时，她迷惑了。她终于明白了自己与别人的不同之处。

失聪让她痛苦不堪，脾气也变得越发焦躁。她常常发疯一样地抓伤自己。她的妈妈同样无法接受这个事实，常在晚上静到没有任何声音的时候对她比划着说："你听到什么声音了吗?"她的回答则是一脸的茫然。

1993 年，为了给她治病，她的父母带着年仅 3 岁的她南迁到广东，可医生的诊断让全家人都很泄气：听力无法康复。医生放弃了对她的治疗，可她的父母没有放弃对她的爱。为了让她开口说话，她的母亲想了很多办法，许多次甚至用手伸到她的嘴里替她纠正舌位。

她的初中是在深圳市东湖中学读的，刚进校的时候，校长有些犹豫，校长说："与她交谈，她只是笑，但眼睛里却发出智慧的光芒。其实她根本听不清我在说什么。"

后来是她对知识锲而不舍的追求感动了校长。校长说："这个孩子很坚强，有着健康的心态。她始终不承认自己是残疾人，她觉得耳聋只是她碰到的一点小麻烦。我们应该给予她和正常孩子同等的求学机会。"

从此，书本为她打开了另一个美丽而广阔的世界。她读鲁迅、莎士比亚、泰戈尔、歌德、曹雪芹，她还知道有一位叫海伦的作家不但耳聋而且眼盲。她竟然不自觉地开始了写作。16 岁的她写出的长篇自传体小说《假如我是海伦》由人民文学出版社出版了。随后她又写出了《童言无忌三国志》等数百万字的作品。这些作品一经问世，便在青少年读者群中引起了强烈反响。随后，"春天文学奖"、"五个一工程新人新作奖"、"中国文化十大新人奖"等奖项也纷至沓来，并被"中国作家协会"吸收为会员。

更令人想不到的是，她的志向并不止于此。在初中三年级，有一天上课时，她突然感觉到自己的眼睛连黑板都看不清楚了。她惊呆了，自己的耳朵听不见，莫非连眼睛也要出问题？比她更急的是她的父母。医生的检查结果是，这是她长期在台灯下阅读、写作造成的。因为现在使用的荧光灯存在频闪与电磁辐射问题，这也是造成城市学生近视率高的重要原因之一。在查阅很多专家的论文后，她得出结论：造成近视的原因90%是因为"光污染"，也就是说，"凶手"就是我们日常使用的荧光灯！

为了不让更多人的眼睛受到伤害，她决定用自己的知识和勤奋，去发明一种既不伤害眼睛又无辐射的健康环保台灯！2006 年夏，经过不断试验，她终于发明了“S. E. E 技术及其安全环保节能直流荧光灯装置”，并且获取了国家专利。

2006 年 12 月，加拿大 WISE LITE TECHNOLOIGY 公司总裁苏佐刚先生（海外华侨）辗转找到了她，表示愿意以上亿元的价格独家买断她的专利！2007 年 7 月 1 日，她发明的“惠视聪明灯”正式进入中国灯具市场销售，而年仅 17 岁的她也因此“突然”成了亿万富豪！她不仅改变了自己的命运，而且也改变了打工父母的命运！她的名字叫张悉妮。

张悉妮说：“贝多芬没有因为失聪而成为废人，他以惊人的意志和不懈的拼搏，最终为欧洲音乐史增添了最光辉的篇章！既聋又盲的海伦·凯勒，从没有向命运低头，硬是在黑暗中‘拼’成了极富感召力的著名作家！”张悉妮还说：“蝉是聋的，它鼓起胸膛；我也是聋的，我扬起理想。聋，没能阻止我们歌唱；聋，没能阻止我们向往。”

乐享成败

失败、挫折并不能把我们吓倒，我们拥有战胜一切困难的勇气。奇迹只有在一次次失败又一次次站起来中缔造。感谢挫折，感谢失败，因为在失败这份礼物中我们收获的远比失去的多。

失败磨炼意志

人的一生往往会经历很多的磨炼，这个过程是痛苦的、寂寞的，更是残酷的。或许它会让你终日独来独往，无可信之人依靠，无知心之人

倾诉，就如同千里马遇不到伯乐。或许它会让你像贝多芬那样热爱音乐却双耳失聪，像霍金那般热爱科学却全身瘫痪。但，磨炼过后，他们都达到了自己的理想境界。

在现实生活中，这样的事也不少见。或许他们并没有伟人的那般成就，但同样实现了自己的梦想。

乒乓球女子单打冠军邓亚萍正是这样一个大家都熟悉而敬佩的人。

最初，这个身材矮小的小女孩曾有过被体校拒收的经历，虽然走上了体坛，但她不被教练看好，也不被大家看好。她不像有些运动员那样终日被教练看着，受到大家的关注，她的存在似乎没有太多人在意。但她不服输，她小时候的梦想是成为世界冠军，所以她要朝着自己的梦想努力冲刺。尽管现实与梦想的距离太遥远，但她深信，只要付出努力，总会得到想要的一切。

通过努力，13 岁时，这个小女孩创造了击败世界女子冠军的奇迹。一般来说，遇到这种情况就可以进入国家队，但到了邓亚萍这儿却是个例外，她只进了国家二队——中国青年队。

可是，尽管她创造了奇迹，但依旧没人看好她。而她告诉自己，要用实力证明自己能行！在之后的一年里，在五次与全国尖子选手的比拼中，她获得了四次冠军、一次第二名的优异成绩，最后才一波三折地进入了国家队。

尔后，这个娇小的女子获得了十四次世界冠军，四次奥运会冠军，成了世界乒坛的女皇。她的事迹告诉我们：人生中，没有磨炼就不会有成功！

越王勾践起初是一个亡国之君，一个失败者。当时的他，似乎已到了日暮途穷的境地，未来也几乎是一片黑暗。而苦难与失败并没有让他倒下，他没有气馁，也从未把自己当做一个失败者而整日怨天尤人。他所做的就是坚持，一切从头再来，把苦难和失败当成一种考验，磨炼自己的意志，使自己奋发，最终苦尽甘来。

一个人一生中会遇到很多打击、挫折、失败、困扰和苦难，它们对于人生意味着什么？如果你被它们打倒了，就将一事无成。如果你能战胜它们、超越它们，它们就会成为你进步的阶梯，成为你宝贵的精神财富。

失败和成功是一个事物的两个方面，超越了失败就达到了成功。因此，充分认识失败的积极意义是十分必要的。失败一方面有可能使人失望、痛苦、忧郁，但另一方面也可能使人聪明、坚强、成熟起来。失败所包含的两重性对于人生来说具有重要意义，问题全在于你自己从中学到了什么。

人的悲哀常常在于甩不掉习惯性的诱导，如同在一条小路上踯躅前行，自己被自己所束缚。而失败和挫折本身就是带领一个人走出困境的最好向导，是人生珍贵的负面教材。人们常说，失败是成功之母，失败具有引导成功的价值，是探索成功之路的标记。

没有波涛的海洋，绝不是真正的海洋；没有波折的生活，也绝不是真正的生活。但是，山高高不过脚底，海宽宽不过航灯。面对布满荆棘的人生，面对挫折与失败，我们应该毫不畏惧，知难而上，因为失败也是人生中一道靓丽的风景线。

乐享成败

面对失败，最重要的是学会在失败中磨炼自己。这是因为，苦难对于人生是一块垫脚石，对于能干的人是一笔财富，对于有志者则是前进的动力。思想上的压力，甚至是肉体上的痛苦，都可能成为精神上的动力。接受失败，从容站起，你将获得不一样的成功。

把苦难当成风景

坐式排球，是一种截肢者进行的体育比赛。只要看过一次，也许就会终生难忘。

这种比赛的场地并不大，网栏也不高。比赛进行时，气氛比较沉闷。运动员表现好坏，并不是最重要的，重要的是他们能够坐在场内，在众目睽睽之下，以仅存的上肢进行一场凄美的搏击。

把苦难放在远处，可以看到诗意。如果把坐式排球放在远处，我们似乎也可以看到诗意。但现在，当一些失去下肢的人，为四肢健康的人表演时，让人感受到的只能是疼痛。

我也喜欢把苦难放在远处。许多时候，无法承受发生在自己身上的苦难。当时过境迁之后，便又是讴歌又是体悟。所以，遇到残疾人和在生活中遭受苦难的人，总是以远远的目光去观察，而不愿去体会他们此刻正在遭受的痛苦。

有一个幼年时就失去上肢的人，竟能挑百斤重担上山，即使是一个健康的人也很难在山路上保持担子平衡啊！

多少年前一个起雾的早晨，在山路上，偶然遇到了他。我抱着刚刚满一岁的外甥上山，他正挑着担子从我的身边超过。我不由得赞叹："你真能干！"

他长叹了一口气，不声不响，很快消失在山路上。

走到半山腰，远远地见他在石墩上歇脚。有一种声音隐隐约约地传来，初听，似婴儿的呻吟，再听，又像夜晚中猫的悲鸣。再走近时，我呆在了那里。

他在哭，一个人坐在空旷无人的山路上哭。

我当时还是不能以悲悯的目光去看待他的哭泣，认为他的哭泣类同于一个老人的流泪。譬如我的曾祖母，在某一个无法预期的时刻，她会无缘无故地哭。

但现在，我坐在充满城市喧嚣的客厅里，想起这个失去上肢的年轻人，心里一阵阵抽搐。

乐享成败

苦难离我们远时，我们愿意奉上我们的同情、抚慰，甚至欣赏；当苦难离我们近时，我们觉得震撼、悲伤，甚至难以接受。或者，我们还是把苦难放得离我们远一点要好些，因为苦难的承担者并不需要我们的同情，而我们能给的，除了敬佩还有什么呢？

变成“贼”的有钱人

某画家在未成名前靠画人像为生。一天，一个富人经过，看他的画工细致，很喜欢，便请他帮忙画一幅人像。双方约好酬劳是一万元。

一个星期后，人像完成了，富人依约前来拿画。这时富人心里起了歹念，欺他年轻又未成名，不肯按照原先的约定支付酬劳金，只愿花三千元买这幅画。青年画家从没碰到过这种事，心里有点慌，费了许多唇舌，向富人据理力争，希望富人能遵守约定，做个有信用的人。但富人自认占据上风，不肯退让。

青年画家知道富人故意赖账，心中愤愤不平，他以坚定的语气说：

“不卖，我宁可不卖这幅画，也不愿受你的屈辱。今天你失信毁约，将来一定要你付出20倍的代价。”“笑话，20倍，是20万！我才不会笨得花20万买这幅画。”“那么，我们等着瞧好了。”青年画家对悻悻然离去的富人说。

经过这件事的刺激后，画家搬离了这个伤心地，重新拜师学艺，日夜苦练。皇天不负苦心人，十几年后，他终于闯出了一片天地，在艺术界成为一位知名的人物。那个富人呢？自从离开画室后，第二天就把画家的画和谈话淡忘了。

直到有一天，富人的好几位朋友不约而同地来告诉他：朋友，有一件事好奇怪喔！这些天我们去参观一位著名艺术家的画展，其中有一幅画中的人物跟你长得一模一样，标价20万。好笑的是，这幅画的标题竟然是一个字：“贼”。好像被人当头打了一棒，富人想起了十多年前的事。

他立刻连夜赶去找那位画家，向他道歉，并且花了20万买回那幅人像画。青年凭着一股不服输的志气，让富人低了头。

乐享成败

以20万元的代价使富人换回了一个难忘的教训，画家以坚强的意志实践了挫折使弱者沉湎，使强者奋进的哲理。如果你也想像画家那样不屈服于生活，那尽可以把挫折当做上天赐给我们的礼物，要知道，经历过暴风雨洗礼的天空会更加湛蓝与广阔！

快乐地面对生活

《背叛是神明的十二人》一书的作者威廉·伯里梭曾说道：“人生最可贵的事，并非投资生意之类的事情，这连愚者亦能为之。真正可贵的是从亏损中获取利润，此时必须靠智慧，这也是智者和愚者的分别所在。”这是伯里梭在失去一只脚（因火车车祸）后所说的话。

还有一个因双腿瘫痪而“把负作用变成正作用”的男人，名叫宾·佛特逊。当人们谈起他双腿致残的原因，他说：“那是1929年的事情，我想在院子里搭个豆棚架，需用打桩的木材，于是我开着车子出门砍伐一堆核桃木。回家途中，有一根木材滑落在地，我来个急转弯想回头捡起，就在这时，方向盘突然失灵了，车子就此翻落在河堤上，我的脊椎骨被木头击伤，两腿就此瘫痪了。那时我才24岁，从此寸步难行。”

24岁的大好青春年华却遭遇到终其一生必须坐轮椅的厄运！问他何以能如此开朗欢愉？他答道：“起初，我怨恨，我反抗，并诅咒命运。但随着时日的消逝，我发觉反抗只是徒增自苦而已，自从我变成残废以来，所有的人——不论认识与否，都待我很亲切，所以，我要求自己也要以礼待人。”

再问他，他是否认为那次事故是一桩可怕的不幸？

“不，”他立即答道，“如今，我反倒有点庆幸。”他说，自他摆脱内心的冲击和怨恨后，开始进入新的生活天地，整日与文学名著为伍。十四年来，他总共读了1400本书。这些书籍开拓了他的视野，使他的生活非常充实，此外，又可净化他的心灵，但最大的变化是他拥有了充分的思考时间。他说：“从那次事故以后，我才具备了观察世界的能力，能够判断事物的价值，我发觉我以前所向往的事物大部分都是无价值的。”

由于广泛阅读的结果，他开始对政治发生兴趣，除致力于公共问题的研究外，还经常坐着轮椅到各地演讲。他结识了许多朋友，许多民众也开始认识他。

乐享成败

在我们身边的那些身体残疾但意志坚强的人，其实都在传递着这句话：无论怎样我也要快乐地活下去！因为这是对越挫越勇这一道理的最好诠释。

让缺陷产生价值

对于一个人来说，自身带有缺陷确实是一件不幸的事情，但是既然缺陷无法改变，那么就要正视它，并把它当成前进的动力。这样一来，缺陷也就有了价值，就会在我们的生活中变得无所谓。因为它动摇不了强者的斗志，剥夺不了强者的创造，扼杀不了强者的快乐心态。

“假如我能站起来吻你，这个世界该有多美啊!”

这句话是张海迪对自己的丈夫说过的一句话。因为，张海迪不能站起来，命运让她只能坐在轮椅上度过她的一生。那么，在张海迪的眼里，这个世界就不美了吗？不是，在张海迪的眼里，这个世界依然美丽，不同的是自己只能坐在轮椅上欣赏。缺憾并不妨碍她笑对世间的心情。相反，她更注重与人的沟通。她会让别人给她倒水、会让人帮她拿放在高处的东西、会让人推着她出席各种活动……她丝毫不会觉得自卑、羞于见人，而是认为“你是健全人，帮助我是应该的”。所以，她活得洒脱、活得幸福。

幼时的张海迪与常人无异，爱唱、爱跳、爱玩、爱闹。但不幸在她5岁时降临了，她被确诊为脊髓血管瘤，经过了多次脊椎穿刺之后，病情仍不见好转。

在她的病历上赫然写着“脊椎胸五节，髓液变性，神经阻断，手术无效”，此时的张海迪萌发了轻生的念头。

但在家人的帮助下，张海迪的情绪逐渐稳定了下来。

冷静思考之后，张海迪学会了针灸并为周围的人治病。在不断的学习和帮助他人的过程中，她看到了自己的价值，并从自卑的阴影中走了出来，最终活出了自信和光彩。

美国的国会议员爱尔默·托马斯曾说：

“我15岁时，常常为忧虑、恐惧和一些自卑所困扰。比起同龄的少年，我长得实在太高了，而且瘦得像支竹竿。我有6.2英尺高，体重却只有118磅。除了身体比别人高之外，在棒球比赛或赛跑各方面都不如别人。他们常取笑我，封我一个‘马脸’的外号。我的自卑感特强，不喜欢见任何人，好在我住在农庄里，离公路远，也碰不到几个人。

“如果我任凭烦恼与自卑占据我的心灵，我恐怕一辈子也无法翻身。每天我为自己的身材烦恼，别的什么事也不能想。我的尴尬与惧怕实在难以用文字形容。我的母亲了解我的感受，她告诉我：‘你的条件没什么见不得人的，如果你不接受教育到头来一事无成才是可悲的。’从那时起我利用冬季捉到一些貂、浣熊、鼬鼠类的小动物，在春天到来时出售得了4美元。再买回两头猪，养大后，第二年秋季再卖得40美元。用这笔钱，我到印地安那州去上师范学校。”

在克服了自卑之后，他的人生之路越来越顺利，50岁那年，托马斯成了俄克拉荷马州的国会议员。

其实，有身体缺陷的成功者不只有张海迪和托马斯，比他们成就大很多的也比比皆是。他们之中有非常多的人之所以成功，是因为那些会阻碍他们发展的缺陷，反而促使他们加倍地努力，最终得到更多的报偿。正如威廉·詹姆斯所说的："我们的缺陷对我们有意外的帮助。"

不错，很可能密尔顿就是因为瞎了眼，才下决心写出更好的诗篇来，而贝多芬正是因为失聪，才发誓作出更好的曲子。

海伦·凯勒之所以能有光辉的成就，很大程度是因为她盲和聋，才促使她奋斗。

"如果我不是有这样的残疾，我也许不会做到我所完成的这么多工作。"达尔文坦然承认他的残疾对他有意想不到的帮助。

乐享成败

一个人有身体上的缺陷并不代表他就没有了前途和欢乐。每个人都不会是十分完美的，都有各自的缺陷，但也有自己突出的优点。突显你的优点，正视你的缺陷，这就是你要做好的事。或许缺陷会阻碍我们成功，但是等到我们克服困难之后，我们往往会感谢因缺陷而带来的意想不到的收获。

持续地敲门

50年前，有一个美国人叫卡纳利，他家经营着一家杂货店，但是生意一直不好。年轻的卡纳利告诉父母，既然经营了这么多年都没有成功，就应该换一个思路，想想别的办法。

他家附近有几所大学，学生经常出来吃快餐。卡纳利想：附近还没有人开比萨饼屋，卖比萨饼肯定能行。他就在自家的杂货店对面开了一家比萨饼屋，把比萨饼屋装修得精巧而温馨，十分符合学生高雅、讲情调的需求。不到一年的时间，卡纳利的比萨饼就成为那一带有名的小吃，比萨饼屋每天都顾客爆满。他又开了两家分店，生意都很好。卡纳利的胃口大起来，他又马不停蹄地在俄克拉荷马开了两家分店。

但是不久，一个个坏消息传来，他的两个分店都严重亏损。开始的时候一个店准备500份，结果总是有一半的比萨饼卖不出去。后来他又按200份准备，结果还是剩很多。最后，他干脆只准备50份，结果还是不行。同样是卖比萨饼，而且这个城市同他家所在的城市一样也有大学，为什么失败呢？

不久，他的结论出来了，这个城市的学生与那个城市的学生在饮食习惯和趣味上存在巨大差异，他是在装潢和配方上犯了错误。他迅速改正，生意就很快兴隆起来。卡纳利从开第一家比萨饼店起，19年以来，他的比萨饼店已经遍布美国，共计3100家，总值3亿多美元。

卡纳利说："我每到一个城市就开一个新店，开始十分之九是失败的，但最后都成功了。原因是我在失败以后，不但没有退缩的念头，而且积极思考失败的原因，努力想新的办法。因为你根本不能确定什么时候才能成功，所以你必须先学会如何对付失败。"

乐享成败

人生就是如此，要想获得成功，必须首先学会应对失败。只要我们持续不断地去敲门，成功之门最后总会打开的。

输得明白

我读中学时，有一次学校举办运动会，许多同学报名参加比赛。因为当时的学校体育设施简陋，所以长跑短跑这类不用花费金钱的项目设置得多一些。同学们按自己的兴趣和能力报名参加各类比赛。

有一位叫阿勇的同学报名参加了好几项赛跑比赛，所以当他的身影一次又一次出现在赛场时，自然就被许多观众所熟悉了。我到现在还记得当时的情景：他在短跑比赛中一直很努力，有好几次都快要追上第三名了，可惜还是慢了一些，落得第四名的结果。后来在一万米长跑中，大家又看到他的身影，许多同学不由得为他鼓起掌来，他向大家笑笑，用手划出一道好看的弧线。长跑比赛不像只是拼速度的短跑，尤其是对未曾经过系统训练的乡村学生来说，拼的是毅力、信心和体力。取胜是每个人都向往的，可是结局往往是残酷的。

记得跑到最后坚持下来的只有七八个人了，前面三个相差不太远，而阿勇却是落后了整整两圈，已经毫无希望进入前三名。跑到最后时，只剩下四个人，许多人觉得没有机会获得名次，于是放弃了比赛，只有落后两圈的阿勇还在努力地向前追赶着。前三名很快地冲过了终点，赛场上只剩下没有悬念、没有荣誉之争的赛跑，然而阿勇仍然是那样地努力和认真，他疲倦但却坚持下去的身影感动了每一位观众。

许多人都为阿勇的坚持不断鼓掌，可是当别人问阿勇是何原因让他一直不放弃，把比赛坚持到底时，他却说了一句：“我想看看我的成绩离第一名差多少，即使输了也要输得明白。”

在这个世界上，输了也要输得明白的人有多少呢？许多时候，当我们得知想要的东西没有希望获得时，是否还会继续去努力、去比试，看看自己离想要的东西还差多远呢？当我们有了输也要输得明白的想法时，我们就找到了自身的缺陷，清晰地了解了自己。只有输也要输得明白的人，才能在这次的输中汲取经验，以获得下一次比赛的成功。

乐享成败

没有希望的坚持是一种真正的“永不放弃”精神，是认识自我的真实检验。唯有坚持，才能在失败中重现辉煌。暂时没有结果的坚持，恰恰孕育着下一季的希望种子，当春天到来，成功的花朵将会如期开放。

从三岁开始学会坚强

我人生中最可贵的金玉良言，都是在沮丧时悟到的。

有一段时间我对自己的工作十分灰心，萌生退意。正在犹豫的时候，碰到了一位白手起家的企业界朋友，他耐心地听完我的顾虑后，满不在乎地说：“在我看来，你的困难不算什么，只是有人不喜欢你罢了，有人不喜欢你，你就离开吗？”

一个沮丧的人最生气的，就是别人把你肩上千斤重的石头看成一粒砂。不过，由于我向来相当欣赏这位朋友的为人处世，只好虚心问他：“那什么才叫困难呢？”

他给我说了他幼年的故事：“我三岁时得了小儿麻痹后，开始变得坚强。”

他人生的坎坷绝非常人所能想象。爸爸妈妈是韩国的华裔大学生，相爱的两人结了婚，生下他时，却在当地内乱中被暗杀，不到一岁他就成了孤儿。

一位有爱心的华侨看他可怜，领养了这个可爱的小男婴，把他交给太太抚养。养母脾气不好，也没什么耐心，能够喂饱他就不错了，还动不动就拿他出气。

在他三岁时，当地流行小儿麻痹，他被感染了，在等死的状况下挣扎。退烧后两条腿都萎缩了，养母和姐姐们还笑他：“你这辈子只能够像虫一样在地上爬。”没有人帮他，他们把他放在一个角落里，让他每天看着天花板发呆。

他想要自己爬行，养母要他死了这条心，说他将来只能乞讨。他从小就很聪明，虽然那时只是个幼儿，别人的嘲笑，他都听得懂，暗自发誓要脱离这个没有归属感的家。为了避免她们的打击，他每天等半夜养母和姐姐睡着了，才一个人在客厅扶着墙壁，试图让自己站起来。

“我现在虽然无法像一般人一样行走，但却可以不坐轮椅活动，还可以打高尔夫球，这都是自行锻炼的结果。”

现在的他事业成功，家庭美满，在完全没有背景、没有资金的状况下创业，只因他在三岁时就明白，什么是人生大难。

听了他的话我深感惭愧。一个没有经过什么大磨难的人，才会让芝麻大的小困难堵住自己的前路。

人在历经“再也没有什么困难可以为难我”的状况之后，命运就掌握在他自己的手中了。从此，他就拥有了不可撼动的坚强，任天崩地裂，都不足以震撼他的心了。

乐享成败

坚强是一种性格，在逆境中形成；坚强是一种成长，被烦恼和挫折磨炼；坚强是一种精神力量，督促人，鼓舞人，让我们学会用微笑面对困境。只有学会怎样坚强勇敢地面对人生，面对一个个突如其来的困难，才能真正长大。

选择忘记

生活的道路上难免有一些艰难困苦，这些不应成为我们的心理负担，而应该是检验我们的试金石。

面对生活道路上的挫折和坎坷，人们有时候感到无法承受。觉得自己就像一个没有安全阀的锅炉，压力到了无法承受的程度，似乎马上就会爆发——精神彻底崩溃。其实，生活本来就不可能一帆风顺，你必须选择忘记，因为生活还要继续。

荷兰福勒船舶公司有一艘船，在大西洋上曾138次遭遇冰山，116次触礁，13次起火，207次被风暴扭断桅杆，然而它从没有沉没过。后来这艘船被英国劳埃德保险公司买下送给了英国萨伦港的国家船舶博物馆。

很多人都来参观这艘船，这一切都归功于一位律师。当时，他刚打输了一场官司，委托人也于不久前自杀了。尽管这不是他的第一次失败辩护，也不是他遇到的第一例自杀事件，然而每当他遇到这样的事情时，他总是有一种负罪感。到律师事务所来的人有很多是在生意场上遭受了不幸的人，那些人有的被骗，有的被罚，他们或血本无归，或倾家荡产，也有的因打输了官司落得债务缠身。他每次都想安慰这些人，可不知道该如何做。

参观完这条伤痕累累的船时，他想到了安慰那些人的办法，那就是让他们来参观这艘船。于是，他就把这艘船的历史抄下来，和这艘船的照片一起挂在他的律师事务所里。每当有商界的委托人请他辩护，无论输赢，他都建议他们去看看这艘船。后来，越来越多的人都来参观这艘船。

这艘伤痕累累的船用自己的真实经历告诉那些正在经历挫折中的人们：在大海上航行的船没有不带伤的。

乐享成败

“宝刀锋从磨砺出，梅花香自苦寒来”，世界上没有有眼睛而不流眼泪的人，没有有呼吸而不叹息的人，没有有心脏而不伤心的人。没有经过苦难、磨炼、奋斗的人生是残缺的，因为，苦难是人生最好的老师。

有一种馈赠叫磨难

在美丽的亚马孙草原上，生活着一种雕鹰，它是我们这个星球上的“飞行之王”。它动作敏捷，速度疾如闪电，一天能飞行很长时间，而且不知疲累。几乎没有猎物能在它的爪下逃生。

雕鹰出生后，没过上几天舒服的日子，就要接受母亲残酷的训练。当它们学会飞翔后，每天要训练千百次才能得到母亲嘴里的食物；过了这一关后，母亲会把它们带到悬崖上，把它们一个个推下去。当幼鹰完成这一步训练后，更加残酷的考验还在等着它。因为这时候，母鹰会把它们正在成长的大部分翅膀骨骼折断，然后又把它们从高处推下！

很多幼鹰在这时成了悲壮的牺牲品。有的猎人看不下去了，偷偷把一些还没来得及被母鹰折断翅膀的幼鹰带回家里喂养。可后来猎人发现，被人喂养长大的雕鹰怎么也飞不高，那两米多长的翅膀反而成了一种负担。

原来，母鹰残忍地折断幼鹰翅膀中的大部分骨骼，是决定幼鹰未来能否在天空中自由翱翔的关键。雕鹰翅膀骨骼的再生能力很强，被折断后只要能忍着剧痛不停地振翅飞翔，使翅膀不断地充血，不久便能痊愈，而痊愈后的翅膀则似神话中的凤凰一样死后重生，变得更加强健有力。如果不这样，雕鹰就失去了这仅有的一次机会，永远与蓝天无缘。

有一个同学告诉我，他的偶像是刘翔，他渴望像刘翔一样在田径场上飞翔。他说："我并不奢望像刘翔一样打破世界纪录，但我一定要在学校的运动会上捞个名次！"

但是一个月后，他就停止训练了，虽然他同样崇拜刘翔。

我问他为什么，他告诉我，训练太累了，有几次，他都想吐！而他正好又处在长身体的时候，所以就不要拿自己的胃开玩笑了……

每个人都渴望成功，但是太多的人在艰难困苦面前畏缩不前。那么，那些成功的人又是怎么做的呢？

比如大家喜爱的章子怡，她现在是我国最有国际影响力的影星之一。

很多人怀有偏见，认为她走红是靠自己长了一张好脸蛋。但事实上，章子怡吃过的苦多得让人无法想象。在大家很喜欢看的电影《十面埋伏》里，章子怡有一段美妙绝伦的舞蹈，你知道吗？为了拍出自己满意的效果，她每天在自己的腿上绑 30 千克的沙袋，练了两个月时间。还有一幕，也是在拍《十面埋伏》的时候，章子怡站在中间等着周围的人上来，周围的人上来后，她拿刀就砍，对手拿刀拼命一挡，刀都震飞了，震得她虎口发麻，痛得直哆嗦。但是过一会儿，她又咬咬牙接着拍，周围的人不敢下手了，章子怡反倒劝他们放开点，下大力气，要不就拍不好了。看到她这么坚强，片场的人都很感动。大家想不到章子怡这么坚强，要是稍微有点娇气的话，这活就没法干了。

有一次，著名主持人杨澜采访章子怡，问她拍《十面埋伏》是不是很艰难。因为杨澜看到电影里有这样一幕：章子怡穿着单薄的衣服躺在雪地里，被雪埋了很长时间。杨澜的第一感觉是，哎哟，这么拍电影，不是要被冻死啊。

事实上，在那个时候，章子怡真的冻得不行了。她告诉杨澜，虽然很冷很冷，但是她却不能动。因为上面的雪盖得好好的，你一动景就被破坏了。所以她一直乖乖地待在底下，不久就开始发抖了，嘴巴直颤。副导演看见说："子怡，你没有台词！"弄得章子怡哭笑不得。

人生中有一种馈赠叫磨难，每一个成功人士都能像小雕鹰一样去珍惜去面对，偏偏有人眼睛里只看到他们舞台上的光彩，却忽视了背后的付出。

乐享成败

"成功的花，人们只惊慕她现时的明艳。然而当初她的芽儿，浸透了奋斗的泪水，洒遍了牺牲的血雨。"这是冰心的一首小诗。其实，当你看到了别人所经受的磨难时，方知道自己的确也可以，但需要付出艰辛的努力。努力到最后，才是成功者。

走过磨难

磨难来的时候，她猝不及防。

父亲英年早逝，母亲卧病在床，一个捡来的妹妹还在读初中。

她，一个初入大学校园的南方女子，就这样与磨难不期而遇。很明显，与这场磨难较量，她根本不是一个重量级的，这似乎有蚂蚁撼大象之嫌。没有退路，只有迎头向前。她先是为自己申请了国家助学贷款，把省下来的学杂费为妈妈和妹妹在这所北方名校附近租了一间平房，并且替妈妈买了药。

上学的第一天，她便开始了艰难的求职打工之路，为人做家教，在餐馆当迎宾，周末上街发广告单，平时打扫学校的卫生……她没有放过任何一个能挣钱的机会。夜深人静之时，她在灯下写日记，记录自己的生活，记下自己滴落在这座陌生城市的泪。

苦是磨难的滋味。

一日三餐，她能精确到 6 元 7 角 2 分钱，那 2 分零头买廉价葱蒜，其他的大笔开销则用于充塞姐妹饿极的胃和母亲被病痛折磨的身躯。同学见了，问她怎么那么瘦，她笑答：减肥呢！不相信一个在校勤工俭学扫教室的女生会减肥，所问者，都无一例外地佩服她的豁达和坦然。

同年龄的女孩，双耳夹着精致的耳塞，MP3 里疯响着周杰伦《我的地盘》。唯有她在用自己的双手打造“我的地盘”，抵御磨难顽固的入侵。

苦也苦过了，她终于迎来了生命的春天。经过她无数次地送母亲求医问药，母亲的病痊愈了。妹妹也被她送入自己的大学所属的实验中学插班就读，而她自己以优异的成绩获得了国家奖学金等多项奖励。

磨难是一柄锋利的刀，她硬是在刀刃上开出一朵娇艳的小花来。她的日记以“走过磨难的日日夜夜”为题，在大学校园的BBS上成了热门帖子，点击率创了新高。就连校报和当地晚报都连载了这篇青春励志长文，感动像流星雨那样飞临这个快乐得有点麻木的青春部落，袭遍这座灯红酒绿的繁华大都市。

各路记者闻风而动，一个个问题向她抛来，让见惯大世面的老记们记忆深刻的是，这个女孩的笑脸以及那没有一丝愁绪的一如灿烂晴空的干净的笑。而谁听过，那一个个寂寞困苦的午夜，泪珠滴落城市的声音？诠释这种声音的是台湾证严上人的济世之语：磨人的，是会消耗的啊，被磨的，是会发光的啊。一个偶然的机会，听了这句话，她精神飒爽，铭刻在心，从此有了与磨难相争的勇气和力量。

几番风雨几番愁，磨难把她磨得光彩照人，而那个看似高大难对付的磨难，一点一点，消耗于无形。岁月之风吹开她的日记，扉页上仍是那句动人壮语：磨人的，是会消耗的啊，被磨的，是会发光的啊。这是她走过磨难时最深刻的感悟，也是最想告诉天下所有朋友的话。

善良的你，听见了吗？

乐享成败

磨难降临到身上，如果不积极勇敢地迎上去，就会被磨难吞噬。没有爬不过的山，也没有蹚不过的河，面对磨难我们只能鼓起勇气，积极面对。其实，磨难对人更是一种锻炼和考验，每经受一次磨难，生命就会得到一次升华。

洗厕所洗出的部长

日本人中一直传颂着一则动人的故事。

多年以前，一个妙龄少女来到东京帝国酒店当服务生。这是她的第一份工作，她将从这里迈出人生的第一步。为此她暗下决心：一定要好好干，干出成绩来！

可她万万没有想到，上司安排她这个漂亮姑娘去洗厕所！

对于洗厕所这样的工作，除非万不得已，一般人都不会主动承担，更何况是一个细皮嫩肉、喜爱洁净的少女呢？她能干得了吗？

一开始，她还不停地暗下决心，鼓足勇气去尝试，去适应。但是，当真正用自己白皙的小手拿着抹布伸进马桶里时，视觉和嗅觉上的反应还是侵袭而来，让她感到恶心，胃里立即翻江倒海，想呕吐又吐不出来，实在太难受了！而老板对工作质量的要求是：必须把马桶擦洗得光洁如新！

她当然明白光洁如新是什么含义，也知道这样高标准的质量要求对自己意味着什么。她为此而痛苦，陷入了困惑与苦恼之中。她也想过退却，想过辞职另谋职业，但是她又不忍心自己人生的第一课就这样以失败告终，她认为那是非常丢人的事情，她真的不甘心就这样败下阵来。她想起了自己刚来时曾经下过的决心：人生第一步一定要走好！可是，即使她憋足了力气要干好工作，还是适应不了这样的工作环境。

就在这时，一位令她感动的前辈出现在她面前，帮她摆脱了苦恼和困惑。他并没有对她反复说教，而是亲自全身心地投入到工作中，为她树立工作的榜样。

首先，他非常愉快地为她进行工作示范，一遍一遍地擦洗着马桶，直到擦得光洁如新。然后非常得意地去欣赏自己的工作成果。接下来，他从马桶里盛了一杯水，一饮而尽，竟然毫不勉强。

这让她非常感动，他不用多少语言就告诉了她一个极为朴实的道理：光洁如新的要点在于新，新的东西就一点也不脏，新的容器里的水是完全可以饮用的；反过来，只有马桶里边的水达到了可以喝的程度，才算是把马桶擦得光洁如新了，而这一点已经被证明是完全可以做到的。

就这样，这个日本小姑娘从前辈的关怀、鼓励中获得了战胜困难的勇气和信心。她激动得不能自持，从身体到灵魂都震颤不已。她从目瞪口呆到热泪盈眶，从如梦初醒到恍然大悟，从痛下决心到付诸行动：就算今后一辈子洗厕所，也要做一名全日本最出色的洗厕所工。

她开始振奋精神，全心全意地投入到洗厕所的工作中。她工作时从来没有老板在身边监督，但她始终以前辈做榜样，努力使工作质量达到前辈的水平。当然，她也多次喝下自己清洗过的马桶的水，既是检验自己的工作质量，也是检验自己的自信心。

正是这种对工作全身心投入，一丝不苟的敬业精神，使她迈好了人生的第一步。有了这种精神，她可以克服工作中所有的困难，从此她踏上了成功之路，开始了她人生不断从成功走向辉煌的历程。几十年的光阴很快就过去了，后来她成为日本政府内阁的主要官员——邮政大臣，她的名字叫野田圣子。

有人说，是上帝偏爱她，让她洗厕所。这话其实不完全对，野田圣子真正的成功来自于她坚定不移的人生信念，表现为她强烈的敬业精神。她之所以拥有成功的人生，成为一个幸运的成功者，或者说成功的幸运者，就在于她对于工作的坚定信念：就算是一辈子洗厕所，也要做全日本最出色的洗厕所工。

因为坚强，因为坚持，她赢得了成功，要做就做最好，既是对自己的交代，也是对自己成功人生的一份完美答卷。

吞下一份苦

那个秋天，经过几番严格的考核，计算机专业毕业的阿基和另外三名高才生，如愿地走进了坐落在硅谷的一家著名科技公司总部。

然而，报到的第一天，他们便惊愕了——人事部经理一脸平淡地通知他们，去清扫整栋大楼所有的卫生间。

当弄清楚这一安排准确无误后，一名博士生觉得受到了侮辱，当即愤然摔门而去。阿基和另外两个满腹才学的受聘者，尽管装了一肚子的困惑和不满，还是找到了那位即将退休的、负责整栋楼卫生的约翰老人，从老人那里领了工具，开始逐一清扫大楼内的51个卫生间。

偏偏那个约翰老人又特别认真，三个平素习惯了脑力劳动的年轻人，尽管累得气喘吁吁，他仍毫不同情地一再批评他们干得不好，一再让他们返工，非得让他们绣花似的把一个个卫生间弄得干干净净。

一个月过去了，一位年轻人受不了辛苦和批评，以及极低的薪水，嘟囔着离开了那栋聚集智慧与财富的大楼，去了一家电脑公司。

阿基和另一个叫迈克的小伙子又接着干了十多天，仍未见到公司任何人来过问他们，给他们安排新的工作。迈克带着失望，结束了自己的“廉价劳动生涯”，跳槽进了另一家大公司，做了技术人员。

奇怪的是，人已走了3个，公司却不再增补，原来要3个人干的活儿，现在全压在阿基身上了。尽管他累得几乎要虚脱了，可他仍咬着牙坚持着。约翰老人曾不解地几次问他：“小伙子，你想一辈子在这里打扫卫生间吗?”

阿基摇头：“当然不会的，但我相信这份工作是必要的。”

约翰老人看着阿基一脸的坚定，没再说什么，这是他多年来所遇到的最有韧性、最能吃苦的一个小伙子。

清扫了整整100天的卫生间后，阿基接到公司的重大任命——去渥太华任公司在海外最大分公司的CEO。这时，阿基微微一笑，仿佛一切都在他的意料之中。而他的坚韧与果决，很快就在工作中显现出来，让任命他的总裁很满意自己的眼力。

数年后，当年与阿基同时应聘的那三位高才生，虽然都找到一份不错的工作，都衣食无忧，但其业绩均是平平，唯有阿基才华尽展，很快坐到了该公司副总裁的位置上。在麻省理工学院的一次讲演中，阿基用了这样一个简单而让人深思的题目——吞下一份苦。

在每个人生命的旅途上，经常会遇到许多甜的诱惑和许多苦的阻拦。获取渊博的才识，拥有辉煌的业绩，找到幸福的生活等，都需要吞下许许多多的苦。同样，抓住擦肩而过的一个机遇，也需要吞下一份苦。

乐享成败

吞下一份苦，不仅体现一种坚韧的品性，还折射一种人生智慧。吞下一份苦，就是暂时忘却那份诱惑目光的甜，就是把开阔的视野投向远方那大块的甜。所谓的“吃得苦中苦，方得甜中甜”，就是对此所做的最通俗的解释。

苦难让我们的生活更光彩

在一个小区的楼群里，住着两位很特别的人：33号住着一位年轻人，左邻32号是个老人。

老人一生相当坎坷，多种不幸都降临到他的头上：年轻时由于战乱几乎失去了所有的亲人，一条腿也在空袭中不幸被炸断；“文革”中，妻子忍受不了无休止的折磨，最终没能和他同舟共济，跟他划清了界限，离他而去；不久，和他相依为命的儿子又丧生于车祸。

可是在年轻人的印象之中，老人一直精神矍铄，性格爽朗而又随和。

而那个年轻人却与之相反，常常是愁眉苦脸，什么时候都显得很忧郁。当他听别人讲32号那个老人一生中的经历以后，就想和老人聊聊。于是年轻人便找了个机会到老人的家里聊天，并把他的愁事跟老人说了。老人并没有说什么，只是笑。

年轻人终于忍不住了，便问：“您经受了那么多苦难和不幸，可是为什么看不出您有什么忧愁呢?”老人无言地将年轻人看了很久，然后，将一片树叶举到年轻人眼前：“你瞧，它像什么?”

“这也许是白杨树叶，而至于像什么……”年轻人答道。

老人拿着手中的树叶对年轻人说：“你能说它不像一颗心吗?或者说就是一颗心?”

这是真的，是十分类似心脏的形状。年轻人的心为之轻轻一颤。

“再看看它上面都有些什么?”老人一边说着，一边把手中的树叶更近地向年轻人凑凑。年轻人清楚地看到，那上面有许多大小不等的孔洞，就像叶子中间被针扎了很多次似的。

老人收回树叶，放到手掌中，用沉重而舒缓的声音说："它在春风中绽出，在阳光中长大。从冰雪消融到寒冷的秋末，它走过了自己的一生。这期间，它经受了虫咬雨击，以致千疮百孔，可是它并没有凋零。它之所以享尽天年，完全是因为对阳光、泥土、雨露充满了热爱，对自己的生命充满了热爱，相比之下，那些打击又算得了什么呢?"

老人最后把叶子放在年轻人的手里，他说："这答案交给你啦，这是一部历史，更是一部哲学啊。"

如今，年轻人仍完好无损地保存着这片树叶。每当年轻人突遭打击的时候，总能从它那里吸收足够的冷静和力量，不论在怎样的艰难之中，总能保持一种乐观向上的精神。

乐享成败

苦难和灾祸总是会困扰我们的生活。当苦难降临时，我们不要只看到它给我们带来的不幸，换个角度，把苦难当做是一种磨砺。那样，我们的人生就会越来越有光彩。

把困难当做机遇

戴高乐曾经说过："困难，特别吸引坚强的人。因为他只有在拥抱困难时，才会真正认识自己。"这句话一点也没错。

你自己努力过吗？对于你所遭遇的困难，你愿意努力去尝试，而且不止一次地尝试吗？只试一次是绝对不够的，需要多次尝试。那样你会发现自己心中蕴藏着巨大能量。许多人之所以失败只是因为未能竭尽所能去尝试，而这些努力正是成功的必备条件。

克服困难的一个步骤是学会真正思考，认真积极地思考。任何失败、任何问题均能通过积极思考来解决。

有一个男孩在报上看到应征启事，正好是适合他的工作。第二天早上，当他准时前往应征地点时，发现应征队伍已排了20个男孩。如果换成另一个意志薄弱、不太聪明的男孩，可能会因为如此而打退堂鼓。但是这个小伙子却完全不一样。他认为自己应该动动脑筋，运用自身的智慧想办法解决困难。他不往消极面思考，而是认真用脑子去想，看看是否有办法解决。

他拿出一张纸，写了几行字，然后走出行列，并要求后面的男孩为他保留位子。他走到负责招聘的女秘书面前，很有礼貌地说："小姐，请你把这张纸交给老板，这件事很重要。谢谢你!"

这位秘书对他的印象很深刻。因为他看起来神情愉悦，文质彬彬，有一股强有力的吸引力，令人难以忘记。所以，她将这张纸交给了老板。

老板打开纸条，见上面写着这样一句话：

"先生，我是排在第21号的男孩。请不要在见到我之前做出任何决定。"

你认为他得到这份工作了吗？像他这样会思考的男孩无论到什么地方一定会有所作为。虽然他年纪很轻，但是他知道如何去想，认真思考。他已经有能力在短时间内抓住问题核心，然后全力解决它，并尽力做好。

实际上，人在一生中会遇到很多诸如此类的问题。当遇到问题时，一旦认真进行思考，便很容易找到解决办法。在遇到困难时，你应把自己当成强者，并把困难当做机遇，在心里把自己当成冠军。

库柏在密苏里州圣约瑟夫城一个准贫民窟里长大。他的父亲是一个移民，以裁缝为生，收入微薄。为了家里取暖，库柏常常拿着一个煤桶，到附近的铁路去拾煤块。库柏为必须这样做而感到困窘。他常常从后街溜出溜进，以免被放学的孩子们看见。

但是，那些孩子还是时常看见了他。特别是有一伙孩子常埋伏在库柏从铁路回家的路上，袭击他，以此取乐。他们常把他的煤渣撒遍街道，使他回家时一直流着眼泪。这样，库柏总是生活在或多或少的恐惧和自卑的状态中。

有一次库柏读了一本书，内心受到了鼓舞，从而在生活中采取了积极的行动。这本书是荷拉修·阿尔杰著的《罗伯特的奋斗》。在这本书里，库柏读到了一个像他那样的少年奋斗的故事。那个少年遭遇了巨大的不幸，但是他以勇气和道德的力量战胜了这些不幸，库柏也希望具有这种勇气和力量。库柏读了他所能借到的每一本荷拉修的书。当他读书的时候，他就进入了主人公的角色。整个冬天他都坐在寒冷的厨房里阅读勇敢和成功的故事，不知不觉地吸取了积极的心态。在库柏读了第一本荷拉修的书之后几个月，他又到铁路去拣煤。隔开一段距离，他看见三个人影在一个房子的后面飞奔。他最初的想法是转身就跑，但很快他记起了他所钦佩的书中主人公的勇敢精神，于是他把煤桶提得更牢，一直向前大步走去，犹如他是荷拉修书中的一个英雄。

这是一场恶战。三个男孩一起冲向库柏。库柏丢开铁桶，坚强地挥动双臂，进行抵抗，使得这三个恃强凌弱的孩子大吃一惊。库柏的右手猛击到一个孩子的鼻子上，左手猛击到这个孩子的胃部。这个孩子便停止打架，转身溜跑了，这也使库柏大吃一惊。同时，另外两个孩子正在对他进行拳打脚踢。库柏设法推走了一个孩子，把另一个打倒，用膝部猛击他，而且发疯似地连击他的胃部和下颚。现在只剩下一个孩子了，他是挑头儿的。他突然袭击库柏的头部。库柏设法站稳脚跟，被他拖到一边。这两个孩子站着，相互凝视了一会儿。

然后，这个挑头儿的一点一点地向后退，也溜跑了。库柏拾起一块煤，投向那个退却者，这是在表示他正义的愤慨。

直到那时库柏才知道他的鼻子在流血，他的周身由于受到拳打脚踢，已变得青一块紫一块了。这是值得的啊！在库柏的一生中，这一天是一个重大的日子。

库柏并不比一年前强壮了多少，攻击他的人也并不是不如以前那样强壮。前后不同的地方在于库柏自身的心态。他已经不怕恐惧，勇于面对危险。他决定不再听凭那些恃强凌弱者的摆布。从现在起，他要改变他的世界了，他后来也的确是这样做的。

库柏给自己定下了一种身份。当他在街上痛打那三个恃强凌弱者的时候，他并不是作为受惊吓的、营养不良的库柏在战斗，而是作为荷拉修书中的人物罗伯特·卡佛代尔那样的大胆而勇敢的英雄在战斗。

乐享成败

把自己视为一个成功的形象，有助于打破自我怀疑和自我失败的习惯，这种习惯是消极的心态经过若干年在一种性格内逐渐形成的。另一个同等重要的、能帮助你改变你世界的成功技巧是，把困难视做机遇。

第三章

没有永远的失败

不要被失败击倒，不管你已失败多少次，只要想一想：过去不等于未来，你会觉得再试一次就有希望成功。其实世上没有失败，只是暂时没有成功罢了，不要躺在失败里睡大觉。要让事情改变，就先让自己改变；要让事情变得更好，就先让自己变得更好。排除任何借口，要为成功找方法，不要为失败找理由。

别怕，黑暗一捅就破

那时，我正在经历人生的低谷。坐在我对面的命运，像一个高深的弈者，总能识破我的一招一式，令我节节败退，四面楚歌。

由于决策上的失误，公司面临重大的危机。我召集公司的智囊团商量对策，但没有一个人能走出一步好棋。

我吩咐秘书拒接所有的电话，我把自己关在一个漆黑的屋子里。为了防止自己崩溃，我放着比较轻松的一首曲子。尽管如此，我依然感到了一种大难临头的恐惧。

老父亲知道了我的困境，把自己辛辛苦苦积攒的养老钱全部拿了出来，让我解燃眉之急。那点钱对于我的公司来说，无异于杯水车薪。

父亲在外面敲门，敲了足足有个把钟头，我依旧无动于衷。父亲急了，用拳头砸碎了玻璃，光亮一下子就照了进来。

我给父亲包扎手上的伤口，父亲说，黑暗不可怕，你看，我一拳头就把它砸跑了吧。我知道父亲话中隐含的意思，我们同时想到了很多年前的一件往事。

那时候我还很小，好像只有 8 岁。特殊的时期，全国上下都在忙着备战。我们家里买了一大口袋饼干，以应不时之需。有一天，广播里通知说，敌机很有可能在夜里飞过我们城市的上空，为了防止被敌人的飞机看到可以袭击的目标，各家各户都不准点灯，窗户上要糊满纸，不能有一点光亮。

那个夜晚，所有的房子里都黑着，到处都是黑黢黢的，阴森而恐怖。

大人们聚到院子里，忧虑地望着天空，甚至连烟卷都不敢抽，气氛紧张到极点。我们则躲到了屋子里，大气都不敢出，紧张得要命。父亲说，别怕，黑暗马上就过去了。为了缓解我们的紧张情绪，他给我们讲一个个轻松的故事。渐渐地，我们不再那么害怕了。警报解除的时候，院子里的人们点起了篝火庆祝。父亲用手指捅破了窗户纸，火焰一下子照亮了我们。父亲说，看，黑暗并不可怕，它一捅就破。

父亲并未给我带来智慧的“金点子”帮我力挽狂澜，渡过难关，但父亲为我带来了一根乐观思想的拐杖，使我不至于摔倒，使我在如潮的黑暗中看到了那召唤人心的丝丝曙光，使我坚定了信心，和公司的所有员工一起，节衣缩食，艰苦奋斗，终于渡过了最为艰难的一段时期，使公司又重新走上了光明之路。

每个人的人生都会或多或少地经历一些黑暗，面对那些黑暗，亚瑟王悲观地说，“我不相信有天堂，因为我被困在这个地狱的时间太长了。”泰戈尔却乐观地说，“如果黑暗中你看不清方向，就请拆下你的肋骨，点亮作火把，照亮你前行的路。”

这些话，都是后来在书本上看到的，都是名言。而比这些名言更让我记忆深刻的，永远是父亲那句朴实的话：别怕！黑暗一捅就破。

乐享成败

每个人的人生遇到困难和挫折的概率都为百分百。要做一个强者就必须时刻准备迎接困难与挫折的考验和挑战，锤炼承受力。黑暗并非了无边际，不可战胜，只要我们坚定信心，不懈努力，就能把悲哀和痛苦退还给折磨，重新走上光明的大道。

小人物的大人生

周杰伦的“御用”词人方文山时下非常红，从《双截棍》到《菊花台》，他为周杰伦量身定做的歌词几乎篇篇都是精品。这位才华横溢的“鬼才”拥有大量“粉丝”，被认为是当今歌坛中难以撼动的“指标性人物”。然而数年前，方文山还是一只默默无闻的小麻雀，他由麻雀变凤凰的人生经历非常耐人寻味。

方文山出生在台北一个普通小乡镇的蓝领家庭。因为家境不好，从小他便开始勤工俭学。在学生时代，每逢寒暑假，他都要外出打工，送报纸，当餐厅服务员，做业务员，当高尔夫球童……只要可以挣钱，方文山从不拈轻怕重。其中的酸甜苦辣，小小年纪的方文山一一尝尽。回忆这段漫长的困顿，方文山说：“当时也会觉得苦，但现在回想起来却蛮感激。因为有过那些困顿、不如意和苦难，今天的自己才会更懂得惜福。”

方文山不像周杰伦那样属于天才式的人物，他从小到二十多岁都没有露过什么锋芒，既不早慧，也没有明确的目标。因为学习成绩不好，没有人关注过他，在孤独和寂寞中他只能靠乱写乱画来排遣心中的块垒。退伍之后，他才慢慢开窍，认识到电影和写作才是他的“宿命”。从此，他像换了个人似的，大量写作，勤奋锤炼和努力提高自己的才华，达到了如痴如醉的地步。

开始方文山对电影神往不已，他想进电影圈发展自己。但是电影行业渐渐远离了“黄金时代”，许多电影人纷纷转行谋生。方文山也感受到了其中的惨淡，只好退而求其次，从事歌词创作。因为这时的他根本没有名气，所创作的歌词还很稚嫩，个人的温饱都需要另辟蹊径。他选择了去安装防盗系统，类似水电工，头顶安全帽，拎着电钻在尘土瓦砾中劳苦奔波。但梦想已经在燃烧，方文山决心要找到一条能够拯救自己的道路，他对歌词的热爱也欲罢不能，创作给了他极大的快乐和自信。工作时，有时装监视系统要先挖洞，一旦想到歌词就赶快写下来，在工作的空隙里创作歌词，这种方式和习惯可以称作“忙里偷忙”了。就这样，方文山半年竟然积累了二百多首歌词，然后他开始寻找自己的伯乐。他精心挑选出一百多首歌词装订成册，拿在手里沉甸甸的，很让自己感动，很让自己振奋，但此时的方文山既没有人脉，也没有经验，完完全全是一个无名小卒。不过这恰恰让他无所顾忌，初生牛犊不怕虎，他投寄了100份给各大唱片公司，天南海北的都有，他仿佛撒下了寻找伯乐的天罗地网，其中的底气、勇气和豪气已经崭露出一个未来金牌词人的潜质。

“只有12.5份会被制作人看到吧，被联络的概率只有1%，”方文山回忆当时的情形说。看来，他也有些忐忑，但却相当清醒。1997年7月7日凌晨，突然有人打电话给方文山，对方说是吴宗宪。他感到吃惊而且很意外，甚至不敢相信自己的耳朵。“不过即使接不到宪哥的电话，我也不会死心，不会轻易放弃。我会想方设法进入这个圈子，比如去唱片公司或电影公司当行政助理。”方文山后来说。

同时跟吴宗宪签约的还有周杰伦，这个1%带来的机缘为方文山未来的100%埋下了精彩可贵的伏笔。但幸运并没有将方文山运送到事业和人生的快车道，他反而好像被搁浅了，在公司里尝遍了激烈竞争的滋味。因为签约不等于有收入，大家要相互“拼歌”，谁拼过所有对手成第一，谁才能够被公司采用，最终才有收入。进公司一年后，方文山才被公司首次采用，期间他没有任何创作上的收入。许多签约者不堪忍受这种残酷的竞争，纷纷另谋生路，只有方文山和周杰伦熬了下来，终于在艰苦的寻找和打磨中，从彼此互不相关到尝试合作，最终成为令人钦佩的黄金搭档。对于两人的关系，方文山说：“我们是相辅相成的。曲是架构，词是衣服。可我觉得，杰伦的曲天生已经很匀称了，旋律本身已经很动人，即使没有我的词，它一样存在，不会折损到什么程度。我只是帮他的旋律加画面，提供故事，让它更有血有肉。”这番话，绝没有功利相争、艺人相轻，有的是1%时的清醒和理智，更有成功之后的宽大胸怀和珍惜情义的谦逊品格。懂得独立，更珍惜合作，这应该就是梦想者以1%希望成就100%未来的智慧所在吧。

在1%和100%之间，方文山说：“如果说‘励志’是一件商品的话，还有什么人比我更有资格、更适合代言呢?”他是在提醒梦想者：先甘心当一只麻雀，潜心演好自己的偶像剧，然后再去企望凤凰的荣耀，正所谓：“天将降大任于斯人也，必先苦其心志，劳其筋骨……”

乐享成败

做大事者，一切从小事做起，不浪费时间，不好高骛远，“千里之行，始于足下”，成功靠长期的坚持不懈。我们不相信失败，我们只相信没有永远的失败。敢于从小做起，从零做起，全世界都会为你响起掌声。

解开缚心之绳

我小时候继承着家族沉默寡言的传统，不爱说话。一开口，就是满腔地道的石家庄方言。上小学的前一天，妈妈说：“从明天起，你在学校就改说普通话吧。”上小学后，我真的丢掉乡音，还爱上朗诵。

老师很喜欢我。一天，他把我叫到办公室，交给我一个非常重要的任务：区里要举行一次朗诵比赛，学校准备在校内进行初选，我将代表班级去参加选拔。我激动得小脸通红、呼吸急促，对老师拍了胸脯，保证完成任务。

备战的日子格外忙碌。每天，妈妈干活的时候，我就跟在她身后，把朗诵稿反反复复地背给她听。她的“工作”就是提醒我每个自然段的头一个字。比如她说“无”，我立刻就接下去：“无产阶级不拥有生产资料和生产工具……”我脑子的弦绷得紧紧的。一篇由七个自然段组成的稿子，我练习了一个星期。

比赛当天，台下黑压压一片全是人，坐在前排的是校领导和各个年级的老师。优越的声音条件为我营造了良好的开局，现场气氛一度热烈，可意想不到的事情发生了。

背完第一段，我勉强记起了第二段。顺势下去的时候，我脑子乱起来，一些混沌的生活细节不断向我涌来，还伴着一些失败经验的碎片。我拼命地想唤起关于第三段第一个字的记忆，可它就像石头沉在海底，焦急的摸索只换来更大的焦虑和慌张。

完整地背完两个自然段，我停顿在一米多高的砖头讲台上。全校师生的眼睛直直地盯着我，我愣愣地望着天空。突然，在一片空白的恐惧里，我感到裤管里一阵发热，一条湿湿烫烫的“虫子”蜿蜒而下。我居然尿了裤子，我再也忍耐不住了，鼠窜下台。

回到家，我倒在床上，说什么也不起来。我觉得脸面丢尽，成了全校同学的笑柄。我拒绝去上课，饭也不吃，僵持了一整天。后来，实在熬不住，我拎起书包走进教室。下课了，我坐在角落里，一动不动，觉得稍稍摇晃身体，都会引起别人的注意。女生们的笑声令我如坐针毡，我觉得那一定是在笑我。上课时，我心里空空的，生怕看到老师的目光……

我的老师成了我生命中的第一个伯乐。他把我叫到办公室，用很大的声音说：“文涛啊，虽然你没有背完，但是你背出的两个自然段，感情饱满，声情并茂，很好！如果能背完，到了区里，一定能拿名次！”

他拍拍我的肩膀，我的腰杆挺了起来。

也许人就是这样，在经历失败之后，就很容易拿出更大的勇气，大不了就是尿裤子。我接受了第二个更为艰巨的任务：代表学校，去区里参加比赛。

我投入更大的精力，不放过任何一个细节。终于，在全区比赛的舞台上，我用稚嫩的童声，朗诵了高尔基的《海燕》，迎来我第一个微不足道的成功。

从武汉大学毕业后，我四处奔波找工作。找到工作后，我又天天为工作忙碌。生命的帷幕似乎没有真正打开。这种状况，一直持续到我在凤凰卫视中文台开始一个全新的谈话节目——《锵锵三人行》。

老板对我说："我们要开设一个新的谈话节目，没有太多资金去邀请很多嘉宾、名人。"习惯了经典谈话类节目的我无法想象，在这样的前提下，可以做出怎样的谈话效果。

在这样一个大难题面前，我整日整夜犯愁，想了很多。当时的播音员说话字句清晰，抑扬顿挫，稳若泰山，好比西装，倜傥光滑，又像瓷器，温润细腻。我对这样的说话方式不以为然。一天，我忽然想到，一个播音员或者主持人说话，为什么不可以保持最原始的自然放松状态呢？好像牛仔裤，舒适大方，又似粗陶，质感朴实。我相信也能受到大家欢迎。那时的感觉，像漆黑的夜色里射进一道月光。一条紧捆着我的心的绳子解开，阳光洒了进来。

本着这样的想法，我开始《锵锵三人行》的长途跋涉。在解开一条条绳子之后，我又演绎了《文涛拍案》等多种主持风格。

人的一生，是被一条又一条绳子捆住的，好多条条框框束缚着你，让你无法施展。之所以你会觉得一个人比你强，是因为他比你先解开一条绳子，抛开了一道束缚。人的第一课到最后一课，都是学着解开身上绳子的过程。只有这样，你才能推开生命中一扇又一扇窗户。

乐享成败

其实，失败只不过是自己暂时表现得比较糟糕而已。在走上竞争的舞台之前，我们把一道又一道绳子绑在身上：紧张、害怕、自卑……上路时，已经寸步难行了。从现在开始，把绑在自己身上的一道又一道的绳子解开吧，不束缚自己，放轻松，就一定会赢！

梦想是一件粗布衣

受做裁缝的母亲影响，美国少年斯克劳斯自小就喜欢时装。

尽管家境贫寒，但阻止不了斯克劳斯心灵深处的梦想，他要做一名出色的时装设计师。斯克劳斯便将母亲裁剪后的布角偷来，东拼西凑地做成各种各样的小人衣服。由于母亲的布角有限，并且那些布角都是要用来做鞋垫的，斯克劳斯总是遭到父亲的责备。

斯克劳斯感觉到自己的创作欲望得不到满足，有一天，他将父亲从自家凉棚上撤下来的废棚布捡来做成了一件衣服，这种粗布在当时是专门用于盖棚用的。斯克劳斯穿着自己做的衣服走在大街上，很多人都说他是疯子，甚至母亲都觉得斯克劳斯太过分了。可斯克劳斯执意要穿着自己做的衣服上学，以至老师和同学们都以为他患了精神病。

斯克劳斯的母亲见儿子沉迷于服装设计，便鼓励儿子去向时装大师戴维斯请教。她希望自己的儿子能成为像戴维斯一样成功的时装设计师。那一年斯克劳斯 18 岁，他带着自己设计的粗布衣来到了戴维斯的时装设计公司。当戴维斯的弟子们看到了斯克劳斯设计的衣服时，忍不住哄堂大笑，他们从来没有看到过如此粗俗的衣服！可是戴维斯没有笑，他摆手阻止了弟子们，并将斯克劳斯留了下来。

在戴维斯的鼓励与帮助下，斯克劳斯设计出了大量的粗布衣。

可是，没有人对斯克劳斯的衣服感兴趣，甚至连他的亲人们都拒绝穿他设计的衣服，因为一穿出去便会遭到周围人的笑话。斯克劳斯设计的衣服大量积压在仓库里，戴维斯的弟子们再次起哄，就连戴维斯都对自己收留斯克劳斯的决定产生了怀疑。但斯克劳斯很固执，他坚信自己的衣服会受到人们欢迎的，于是他请示戴维斯，试图将那些粗布衣服运往非洲，销给那里的劳工们。因为那种粗布价格低廉、耐磨，居然很受劳工们的欢迎，很快衣服销售一空。

斯克劳斯又将那些粗布衣服做成适合旅行者穿的款式，因为彰显沧桑和洒脱，居然又很受旅行爱好者的欢迎。斯克劳斯又设计出了许多种款式，人们惊奇地发现，那种衣服穿在身上不但随意，而且有一种很特别的风味，不分季节也不分年龄，任何人都可以穿。一时间，大家都争着穿起了斯克劳斯设计的粗布衣。如今那种衣服已风靡了全球，那就是以斯克劳斯与戴维斯为品牌的牛仔衣。

乐享成败

一个人，只要认为自己所做的事是正确的，那就大胆地去做，哪怕暂时不被认可，哪怕你的梦想只是一件粗布衣，只要坚持下去，粗布衣也可以成为漂亮的时装！

把自己放上成功的轨道

4 年前，大学毕业后我被父亲介绍到舅舅的公司工作。

和我一起报到的还有刚应聘合格的两名大学生小黄和小陈。办完手续后，人事部安排我到销售科工作。我觉得自己天生腼腆，不善言辞，跑销售肯定不行。

我找到舅舅，向舅舅陈述了我的观点。舅舅点点头说：“那好吧，我跟人事部说一下，安排你到微机室做电脑管理吧!”“电脑管理?”我不由得皱起眉头，我知道自己的电脑水平实在太差，连最简单的文字排版都做不好，还做电脑管理员?

舅舅似乎看出了我的心思，对我说：“公司收发室还缺一位报纸收发员，不知道你愿意不愿意干?”看看再没有其他适合自己的工作，我只好点头答应了。就这样，我成为舅舅公司的一名报纸收发员。

3 年后，跟我一起来公司的小黄由于销售业绩突出，升为业务经理；小陈踏踏实实做了两年电脑管理员后，辞职开了自己的电脑公司。而我依旧是公司的报纸收发员。

我感到不平，找到舅舅，希望他能给我换一份工作。舅舅仍然笑笑说：“你喜欢什么职位? 我打电话给人事部!”我犹豫了，公司里除了门卫、收发室轻松省力外，其他的工作似乎都有不小的困难。我犹豫再三，还是做自己的本行吧!

看我不再言语，舅舅对我说：“小黄、小陈为什么都走向了成功，而你却依然是 3 年前的老样子?”我摇摇头说：“不知道。”舅舅说：“小黄和小陈之所以成功，因为他们选择了成功；你 3 年碌碌无为，因为你选择了失败!”“我选择了失败?”我被舅舅说得分不清方向了。

舅舅继续说：“进公司之初，小黄、小陈就把自己放在了成功的轨道上。公司安排他们做销售、电脑管理，他们首先战胜了自己，相信我行、我可以、我能做好这项工作。然后他们努力地去完成这项工作，让自己一步一步走向了成功；而你，一开始就怀疑自己，认为自己不行、自己没有能力做好这份工作，所以你把自己丢进了失败的轨道里……”

舅舅语重心长的一番话，让我顿时醒悟：原来自己选错了轨道!

公司要到广州设立分支机构。舅舅把一张委任书交到我手里，说：“去吧! 这座发达的城市更能锻炼人!”我没有犹豫，第二天就收拾好行囊，拿着委任书上路了。

一年后，分公司一跃跻身广州100强。

所有这一切，不由让我重新审视自己：自己变了吗？没有呀，我还是原来的我呀……

有些时候，人的失败不是在尝试后失败，而是在没有尝试之前就把自己放进了失败的轨道，在思想上、行动上打败了自己；人的成功也是一样，在没有尝试之前就把自己放上成功的轨道，这样，也就离成功更近了一步！

乐享成败

我们把自己放在哪里，哪里就是我们的起跑线，所以这条起跑线画得越高，我们未来的道路就越宽阔。相反，我们把它画在门卫的收发室，我们就只能和文中的“我”一样当个收发员。如果重新把线画在成功的轨道上，我们就能借助努力，让自己展翅翱翔……

日本人的新偶像

一匹从来没有跑赢过的赛马，居然成为日本人狂热迷恋的新偶像，被越来越多的日本人当成了自己的化身。它就是日本高知赛马场一匹连战连败、名叫“春丽”的雌马。这匹已经八岁的名驹，从1998年11月首次出场比赛后便每战必败，但它屡战屡败、屡败屡战，依然坚持不懈的精神，引起人们的高度关注。

2003年年底，春丽创下100次连败纪录，日本NHK电视台在新闻中播出一个“连败巨星”的专辑，春丽瞬间成为日本家喻户晓的明星。于是，全日本的人都为它加油，买春丽的马票要排队等两个小时，有人要拍以春丽担任“女主角”的电影，日本全国各地都有不少人赶到高知看春丽，甚至连旅行社也推出“春丽加油之旅”，不断送加油队到高知……

为何一匹屡战屡败的马能让日本人如此捧场，并在日本掀起热潮？

因为，日本人都将自己投射在春丽身上。春丽虽然一直失败，但它依然不断地在跑。这让许多在日本泡沫经济崩溃后，随着长年不景气而丧失信心的日本人在精神上终于找到了寄托。自己的公司经营不善、家里出现“财务危机”、找新工作失败、工作毫无成绩……每个人都觉得自己“反正像春丽一样，一直输也不是件坏事”。那样一败再败的马也有人声援、鼓励和安慰，有春丽在，日本人觉得人生还有个垫底的。最近，一位 71 岁的妇人写信给春丽说：“我此生没有赢过任何一场比赛。”老妇人认为春丽便是她自己人生的缩影。当然不仅是她，无数日本人也都自比为春丽。

为了让春丽尝一尝夺冠的滋味，在 3 月 22 日这一天，由全日本最有人气，又是实力最强的骑士武丰来骑春丽。然而，春丽还是在 11 匹马中只跑到第 10 名，这一场，是它的第 106 次失败。马主已经决定 3 月 31 日在春丽参加最后一次由高知县办的“黑船杯”比赛后，让它在健康的状态下退休，届时它已相当于人的 40 岁了，这场比赛也将由武丰来骑它，制造一个“有终之美”。

日本人对于失败的人是很宽宏大量的，尤其是百折不挠型的失败者，所有人都想为他加油，那心情大概跟去买春丽的马票一样。原谅失败也原谅自己，这其实也是对别人的宽大，而且也衷心希望终会有属于自己的成功。无法成为第一名，没关系，努力当特别的一名就好。随着春丽热的兴起，特别的一名已经变成日本的流行语。

虽然马主没有从春雨的奖金中赚回她的投资，不过，因为春丽热潮，与春丽相关的周边产品：以春丽故事改拍的电影《春丽》、信用卡、

T 恤、书籍、音乐光盘（《春丽之歌》等）以及各种吉祥物……则为马主以及马场赢回不少进账。

此外，春丽愈输愈有人气的命运还带给日本经济一些启示：日本人这几年的颓丧是忘记了输与贫的哲学，因为从历史上来看，日本过去非常贫穷，却心灵丰富且相当有生气地活下去；现在虽说不景气，可是生活仍相当富裕，不过稍有挫折，日本人便完全失措，连续 6 年，每年有 3 万多人自杀。日本人虽然并未真的输，却变成了输不起的民族。也正因如此，春丽的出现，成了日本人的新偶像，让日本人重新学习了输。

乐享成败

失败是一种财富。有人不愿意面对失败，有人不愿意承认失败。其实，人生最大的失败，就是“永不失败”和“永不敢败”。害怕失败的人终将一事无成。因为只有在失败中不断进取，我们才能真正学到本领。春丽可以在失败中退场，但是我们一定要在她的屡败屡战精神中去获得成功，因为人生没有永远的失败。

给落榜女儿的一封信

亲爱的女儿：

无法考上理想的大学，的确是个很大的打击，你也许一直无法接受这样的事实，这是你所经历的第一次重大失望。但此时此刻，你必须坚强起来，习惯失望。失望与快乐，都是人生的一部分，重要的是，如果你今后在希望落空时，不能把它视为仅是一时的退却或应该克服的考验，反而当做是毫无道理的大失败，那么你将会被失败所击溃！这一点你应该铭记在心。只有当你甘心失败，并且失去尝试的意愿时，才是真正的失败。

在《皆大欢喜》中，莎士比亚写道："希望往往会落空，并且是在最有希望之时。"由于你长久以来，学业十分顺利，所以自然会觉得一定能进入理想的学校，并且不知道在什么时候开始，已经视为理所当然。在这里不就可以学到一个教训吗？当通过人生的重要阶段时，任何事都不能预想成是理所当然的，而必须有替代计划。因为这次落榜没有心理上的准备，所以受到的创伤也就格外大，变得不容易接受。

许多年轻人，遇到和你现在完全相同的障碍之后，便对所追求的职业心灰意冷。他们退缩下来，说命运是冷酷的，逐渐地变成胆小的人，这实在是很遗憾的事。真正重要的，并不是形成我们人生的客观的偶发事件，而是我们如何处理这些偶发事件，并创造各个不同的人生，绝不能因为命运而阻碍了自己的前途。面临困境时，就是你向命运挑战的时候，要有拒绝失败的勇气。拒绝失败的人，在一个地方吃了闭门羹，会敲另一扇门，一次再一次不断继续地敲门，一直到被接受为止。在年轻时能学习这样处世的人，到最后应该没有不获得大成功的。

你虽然没有能考上理想的大学，但是说不定，就由于在这里绕了弯路，将来会得到意想不到的好结果。这一点，是对所有的挫折都适用的，只要把"失败"从你的心里赶出去，今后绝对不要让它在你心里存在就行了。

在彷徨路上的指引人：父亲

乐享成败

我们能保证自己足够努力，但是我们不能控制意外。所以面对突然而来的困难，我们在哭泣之后应该擦亮眼睛，看看自己的方向和目标。

刀子钝了可以做锯，而遭受了打击，可以让我们更清醒地认识自己和世界。

成功，只是推开那扇门

肖涵是某大学市场营销专业的毕业生，为找工作，她跑了不少人才市场，但因种种原因未能如愿。刚刚走出校门的她，第一次感到了空前的就业压力。前6次求职均以失败告终，她第七次参加人才招聘会后，参加了一家大型合资企业的笔试竞选，并顺利进入前10名，准备参加最后的面试。

面试时间定在早上7点。她有些不解，初冬的夜是相当长的，7点时天才刚蒙蒙亮，但为了这次面试，她还是精心准备了一番，并早早地赶到应试地点。

出租车在经过一个十字路口时，她突然感到一阵揪心的胃痛。她想坚持一下，但不行，她不得不到附近去找药店，服药后，离应试时间还有20分钟。“老天，帮帮我！”她在心中默默祈祷。

赶到应试地点，她来不及等电梯，匆匆跑上6楼。见走廊里已经站满了前来面试的人，她看了看表，7点零2分。她嘘了口气，整了一下衣服，径直走到那扇银灰色的办公室门前，轻轻敲了敲门。这时身后传来一阵议论声：我们都在这儿等半天了，没见考务人员半个人影，她还去敲什么门……

肖涵没有回头，仍然执著地敲响那扇门。这时，那扇门突然自动打开了——原来，那扇看似紧闭的大门原本就是开着的。里面传出一声浑厚的男中音："请进！"

身后人群一阵骚动，肖涵从容地走进门去，门在她身后轻轻关闭。

屋内没有开灯，茶色的玻璃窗使室内光线有些昏暗。浅棕色的流线型办公桌后坐着一位微微有些卷发、眼神犀利的中年男子，侧面是两位衣着考究的工作人员。

"你叫肖涵，"中年人发话。

"是的，主考官！"

"我看过你的资料，在笔试中你的成绩是第七名。今天，你可能是参加面试的人员中最后一个到达应试地点的。"中年人的神色有些严肃。

"不错，主考官。"肖涵从容作答，"但是，尊敬的主考官，我虽然是最后一个到达这里的，但是在应试时间开始后，我却是第一个推开这扇门的人……"肖涵看着主考官，略微停顿了一下。

主考官脸上露出一丝不易觉察的微笑，示意肖涵继续说下去。"是的，外边的人的确来得很早，但他们只是一直在等待。而我认为，职场，需要的不是等待，而是随时随地为自己创造机会。"肖涵继续娓娓而谈。

中年男子侧身在工作人员身边耳语着什么。工作人员随即宣布面试结束。

肖涵是唯一被该公司留用的人。

其实，成功，有时也很简单——只是再向前走一步，推开那扇门！

乐享成败

成功不会主动降临到你身上，而是需要你去努力寻找，敢于不断尝试。故步自封只能眼睁睁地看着机会从面前溜走，就像西方谚语所说："如果山不走过来，那我就走过去。"

生存的智慧

对勇气的最大考验，就是看一个人能否做到败而不馁。

——英格索尔

意大利裔美国人李·亚科卡可能是继亨利·福特与阿尔夫雷德·斯隆之后最优秀的汽车公司老板了，他有着传奇的经历——年纪轻轻便成了福特汽车公司的总裁，创造几十亿美元的利润，随后又在克莱斯勒汽车公司濒临倒闭之时令其扭亏为盈。

亚科卡在上小学时，曾因自己的移民身份遭受到同学们的歧视，但他内心深处却继承了父母那种不屈不挠的生活态度。

亚科卡在校期间学习十分刻苦，成绩也很优秀；他和很多美国小孩子一样，在课余时间经常去附近的市场服务，或者到水果店打短工，以赚取一点零用钱。可令人意想不到的是：15 岁时，他竟然接受别人的建议，开始致力于汽车生意。他的父亲尼古拉平时不许儿子骑自行车，但当儿子年满 16 岁时，他却慷慨地使儿子成为全城第一个拥有一辆福特汽车的小伙子。

亚科卡从有名的里海大学毕业后找工作时，在 20 家公司中毫不犹豫地选择了福特公司。挑剔的福特公司也看中了这位不平凡的小伙子。但恰在此时，普林斯顿大学为亚科卡提供了研究生奖学金，亚科卡便放弃了进福特公司的第一次机会，进入普林斯顿大学进修了政治课和塑料课。1946 年 8 月，爱惜人才的福特公司再次为这位踌躇满志的小伙子敞开了大门，亚科卡作为一名见习工程师，迈出了他传奇生涯的关键一步。

亚科卡在学校时学的是工程学，但是在福特公司接受全过程培训的时候，他却猛然发现自己对工程学根本毫无兴趣。于是他主动迈出了关键性的第二步。他选择了到汽车销售部门工作，他那旺盛的精力和聪明才智使他很快就掌握了汽车销售工作的规律。不久，他就被提拔为地区经理，从此开始了他在福特公司平步青云的上升时期。

在那段日子里，亚科卡从福特公司东海岸地区经理查利那里学到了很多管理方面的东西。尽管在 20 世纪 50 年代初由于全美经济萧条而导致公司裁员，亚科卡也因此被无缘由地降了一级，但没过多久，他就又被提升为费城地区销售副经理。

1958 年，福特汽车受众多汽车公司的冲击，销路不佳。亚科卡担任费城地区销售副经理期间，福特汽车并不好卖，他便别出心裁地提出分期付款的销售计划：允许顾客在支付 80％的车款后分三年将余款付清——这正是今天汽车金融信贷的前身。

这一销售办法大获成功，也很快被福特公司定为全国性销售策略的一部分。亚科卡也因此连获提升。1960 年，亚科卡接任公司副总裁和福特部总经理的职位，当时年仅 36 岁。

但是，1970 年，46 岁的亚科卡成为福特汽车公司总裁后，由于和福特家族继承人的矛盾激化，终被解雇。一怒之下，他转投克莱斯勒公司。上任几个月，突然爆发伊朗危机，油价上涨一倍。美国遭受了 50 年以来最严重的一次经济危机。亚科卡的拯救策略是：降低管理层年薪；将坦克事业部出售给通用汽车公司，并通过裁员和精简机构每年为公司节省开支 5 亿美元。另外，在一片反对声中，亚科卡向政府申请 10 亿美元的贷款担保。

意外获得 15 亿美元后，亚科卡有机会再次展示他对汽车市场的敏感：漂亮小巧且节省汽油的 K 型车带来了 100 万辆的销量。这笔收入成为研发新车型的资金，克莱斯勒汽车公司从此踏上正轨。

乐享成败

正如英格奈尔的那句话：对勇气的最大考验，就是看一个人能否做到败而不馁。主人公传奇的一生是对这句话最有力的证明。失败不是畏惧，只要我们可以把它踩在脚下。

不要让蛋糕烤焦

很多年前，有一个国王带着自己的军队抵抗邻国的入侵，但经过多次奋战之后，他的军队溃散了，国王伪装成一个牧羊人逃进了森林。

每天都能见到太阳升起和落下，也不知道看见了几次，现在国王已经没精力去管这些了，饥饿疲惫的国王走进一个小树林，他快要饿晕了，正当他绝望的时候，忽然看到眼前有一间伐木人的小屋，便去敲开了小屋的房门，开门的是伐木人的太太。

国王向她乞求一些食物，并请求留宿一夜。经过几天的逃亡，国王身上的衣服已经破烂不堪，因为他的外表太寒酸了，伐木人的太太并不知道他真正的身份，她对国王说："如果你能帮我看着这些放在炉子上的蛋糕，我就给你一顿晚饭，我要出去挤牛奶。小心看着蛋糕，在我出去的时候不要让蛋糕烤焦了。"

国王答应后靠着火炉坐了下来。他全神贯注地看着蛋糕，但没过多久，他的脑袋里就全是他的烦恼：怎样重整自己的军队，之后又怎样抵御敌人。他想得越多，就越觉得希望渺茫，甚至他开始觉得再继续奋战下去也是没用了。

过了不久，伐木人的太太回来了，他看到满屋子都是烟，蛋糕变成了烧焦的脆片，而国王坐在火炉旁，出神地看着火焰，根本就没意识到蛋糕烤焦了。

伐木人的太太生气地喊道："你这个懒惰没有用的家伙，看看你做的好事，你让我们都没有晚饭吃了！"国王从思考中回过神儿来，只是惭愧地低着头。

刚好伐木人回来了，他认出了国王。他对太太说："你知道你骂的是谁吗？这是我们高贵的国王。"

他的太太吓坏了，她跑到国王的身前跪下，乞求国王的原谅。

国王请她站了起来，说："你骂的没错，我说我会看好蛋糕，但却烤焦了，我被你骂是应该的。任何人要是接受了一个责任，不管责任大小都应该切实地去完成。这次我搞砸了，但下次不会了，我要去完成我做国王的责任。"

那之后没几天，国王就重整他的军队，打败了敌人。

乐享成败

一位西方的哲人说过，"任何一件值得去做的事，都值得做好。"不论干的事情多么渺小，都应该恪尽职守，尽职尽责，千万不可马马虎虎，敷衍了事。事情有可能失败，只要我们调整心态，正视它，那么总会赢来成功。

惠灵顿和蜘蛛

拿破仑是法国著名的军事家、政治家，被人誉为"常胜将军"，然而最后，他遭遇了一次惨烈的失败——滑铁卢之战，打败他的，是一位名叫惠灵顿的英国将军。

战争前期，惠灵顿率领的英国军队被拿破仑的军队打得落荒而逃。当时正下着一场大暴雨，惠灵顿只好率领遭受重创的士兵逃进了一处破旧的小屋子。

想到自己接二连三的失败，惠灵顿不由心灰意冷。正在他黯然神伤的时候，突然看见屋角有一只蜘蛛正在努力地结网。风很大，那张辛辛苦苦织就的网很快被吹破了，蜘蛛又重新忙了起来。没多久，细弱的丝线又被风吹破了。可是，蜘蛛毫不气馁，还是忙个不停，就像是铁了心要和风较劲一样。

就这样，蜘蛛反反复复地织网……最后，风终于小了下来，蜘蛛也完成了它的“杰作”。

看到这只愈挫愈勇的蜘蛛，惠灵顿想到了自己在战场上的命运，不禁感叹道：“一只蜘蛛都不轻易放弃，我有什么理由气馁呢？”于是，他马上召集军队，重整旗鼓，并最终在滑铁卢战役中大胜拿破仑。

面对狂风，蜘蛛结网很容易功亏一篑，但是它仍然执著地结网，直到实现目标。失败并不可怕，可怕的是在经历失败后，再也没有站起来的力量，成为永远的失败者。

乐享成败

一个真正的成功者，会坚信坚持就是胜利，失败算什么，从头再来就是了。这样的人，总有一天，会像这只蜘蛛一样，结出属于自己的漂亮的网来！

坚持梦想

1887年出生于新墨西哥州圣安东尼的希尔顿，曾经做过各式各样的工作，比如工人、办事员、做生意、矿山投机者与种植业等，他也曾经参与政治和银行关系的工作，最后他因父亲事业失败回到他新墨西哥的故乡。起先他希望振作起来在石油兴盛的德州大干一场，于是他变卖家产共得五千元美金，很谨慎小心地带在身边只身前往德州，最初他想做的是“银行业”，其实是金币买卖，因为五千元美金在当时足可买下一家银行，但他却忽然对旅馆业产生了兴趣，因而买下一座叫美布雷的小旅馆，从此迈出经营旅馆业的第一步。

希尔顿成功的秘诀是：首先，他热衷于旅馆业；其次，他对旅馆业就等于经营“企业”一样有相当明确的观念。当然，尽量吸收顾客住宿以赚取利润是他全力以赴的工作。而且他会以极低廉的价钱买下倒闭的旅馆，对建筑物进行豪华的装修，然后等经营好转，一有机会再以买价的数倍价钱卖出去，以扩大储蓄，壮大资金。

他经常在关键的时刻背负债务，因而才能逐渐地一次次买下以他的实力所无法负担的旅馆，或从银行或从个人资本家那里借出大量资金，并且把股东都拉出来。希尔顿着实使许多“金主”大感困扰，然而，对于这一点来说，他确实是位“天才”。

年轻时候的希尔顿就对恐慌毫不在乎，另一方面他又具有幽默的气质。他在故乡新墨西哥州和父亲曾经买下一个小银行，而这个银行结果并没有成功，但他把这个“副总经理”的头衔印在非常精美的名片上，一边在街上行走，一边分发给了路人：“肯纳特·N. 希尔顿，热情的创业者，爱情的经纪人，亲爱的创始人，接吻拥抱是顶尖的天下第一高手。”

每天下午六时一到他就放下一切工作，然后尽兴地恣意玩乐（特别是跳舞）。他格外豪放的性格，常被他人传为笑谈。听说他所喜欢的舞伴是经过医生推荐的。他的原则是如果没有年轻的女郎做伴，他就决不跳舞，他经常带着幽默与风流出入舞厅。

有这种仪表和性格，“金主”们都会为之着迷，而他也最善用这种“人缘”。记得在“东京希尔顿”开业的当天，从美国带领庞大美女群光临主持的老希尔顿，竭尽全力地卖弄他可爱的个性，给在场的人留下极为深刻的印象。当利害攸关之际，希尔顿却会摇身一变像个魔鬼一般，平常的可爱或幽默都收敛起来，绝不像花花公子或迷于嗜好的人，他会冷静地思考工作，热忱地工作。

1969 年，希尔顿的连锁旅馆，在美国国内有 33 家，海外 31 个国家有 42 家，共计 75 家。另外在美国国内有 8 家小型旅馆，希尔顿信用卡公司一家，还有 5 家希尔顿预约中心。

所有这些关系企业，都在这个名叫纳特·希尔顿特殊公司管辖之下，该公司设在芝加哥。

与此并列的事业执行机构，便是众所周知的希尔顿旅馆业公司与希尔顿旅馆业国际公司，前者设在纽约的世界女神旅馆内，是国内旅馆中心的公司，后者则是海外事业中心。

这个时候希尔顿旅馆的资本将近四亿美元，旅馆房间总数约四万五千个，每夜有四万人住宿，员工也将近四万人，是世界最大的连锁旅馆业。

到底为什么希尔顿能如此拓展国内外的旅馆生意呢？

希尔顿说道：“人非坚持梦想不可，人一定要有热情。”

乐享成败

是啊，希尔顿在面临背负巨债的困难时，一如既往地坚持自己的事业。失败不足以畏惧，关键是看我们是否有信心战胜它。有困难、失败时，是否还有热情一如既往地坚持下去。

发财梦

一个开罗人整天梦想着自己什么时候能发财。一天夜里，他终于梦见神对他说：“你去伊斯法罕吧，在那里能找到金币。”

“万能的神啊！伊斯法罕远在波斯，必须穿越阿拉伯半岛，经波斯湾，再登上扎格罗斯山，才能到达那神圣的山巅之城。可能我还没到就客死他乡了，到底去不去呢？”

开罗人一边感谢着神，一边又为这样的安排而忧心忡忡，“但是，如果不去，这辈子恐怕就只能受穷了。”最后他还是决定前往遥远的伊斯法罕。

这个开罗人经过了千里跋涉，历经了许多艰难险阻，终于风尘仆仆地到达了“山巅之城”伊斯法罕。

但是结果令他大失所望，因为他看到的不是富庶的景象，而当地正兵荒马乱，连他随身带的一点钱物都被土匪抢走了。幸亏一位善良的当地人救了他。

“听口音，你不是本地人？”当地人问他。

“我从开罗来。”开罗人气息奄奄地说。

“什么？开罗？你从那么远，那么富有的城市，到我们这穷苦动乱的伊斯法罕来干什么？”“因为我梦见神对我说，到这里来可以找到成千上万的金币，可以发大财。”开罗人坦白地说。

那人大笑了起来："这太可笑了，你也会相信这样的梦啊？我还经常做梦呢，我梦见在开罗有个房子，后面种满了无花果树，还竖着一个日晷，日晷旁边有个水池，池底藏着好多金币呢！哥们儿，听我的，回到开罗去吧，别做白日梦了。"

开罗人衣衫褴褛地回到了开罗。但是，没过多久，他就变成了开罗最有钱的人。

因为那位伊斯法罕人所说的有着无花果树和水池的房子，正在他家的后院。而他在水池底下，真的挖出了成千上万的金币。

有人说，开罗人白去了一趟伊斯法罕，因为金币就在自己家后院。但是如果他没去伊斯法罕，也许永远不会知道这个结果。

乐享成败

成功是一位贫乏的教师，它能教给我们的东西很少。我们在失败的时候，学到的东西是最多的。那些不成功的人是永远没有失败过的人。所以我们说，有时候，失败未必不是另一种成功。

一招赢得胜利

有一个十岁的小男孩，长得身强体壮，虎头虎脑。不幸的是他的左臂在一次车祸中失去了，但这个男孩十分想学柔道。

起初，没人肯收他，后来他的决心终于打动了一位日本柔道大师。于是他开始学习柔道。他学得不错，可是练了三个月，师傅只教了他一招，小男孩有点弄不懂了。

他终于忍不住问师傅：“我是不是应该再学学其他招术？”

师傅回答说：“不错，你的确只会一招，但你只需要会这一招就够了。”

小男孩并不是很明白，但他很相信师傅，于是就继续照着练了下去。

几个月后，师傅第一次带小男孩去参加比赛。小男孩自己都没有想到居然轻轻松松地赢得了前两轮。第三轮稍稍有点艰难，但对手还是很快就变得有些急躁，连连进攻，小男孩敏捷地施展出自己的那一招，又赢了。就这样，小男孩迷迷瞪瞪地进入了决赛。

决赛的对手比小男孩高大、强壮许多，也似乎更有经验。一度使小男孩显得有点招架不住，裁判担心小男孩会受伤，就叫了暂停，还打算就此终止比赛，然而师傅不答应，坚持说：“继续下去！”比赛重新开始后，对手放松了戒备，小男孩立刻使出他的那一招，制服了对手，由此赢了比赛，得了冠军。

回家的路上，小男孩和师傅一起回顾每场比赛的每一个细节，小男孩鼓起勇气道出了心里的疑问：“师傅，我怎么凭一招就赢得了冠军？”

师傅答道：“有两个原因：第一，你几乎完全掌握了柔道中最难的一招；第二，据我所知，对付这一招唯一的办法是让对手抓住你的左臂。”

所以，小男孩失去的左臂成了他赢得冠军的力量。

乐享成败

残疾人似乎比正常人多了很多的劣势，使得他们无论在哪个方面都不容易扬帆远航。然而，肢体的残缺又恰恰是他们的优势，他们有着比健全人更加踏实的心态，更加刻苦的作风，所以他们往往能取得健全人都不容易取得的成功。于是，失败用另一种方法来解释成功。

拐角处的希望

经济不景气时，华尔街裁员是非常无情的。一分钟甚至一秒钟前还是拿着高薪的白领，顷刻间就会变成无业游民。2002 年，我就亲身经历了这样一次大规模的裁员！

那天，我像往常一样到公司上班。一进办公室，就看见地上堆着无数空的计算机箱子，回想起楼下停着的十多辆出租车，我不禁心里一震。

突然，我桌上的电话响了，我的血液一下子凝固了，机械地接起电话：“马上通知所有员工，到会议室开会！”放下电话，我感到双腿有些瘫软。

在员工大会上，高层领导宣布公司被 SunGard 兼并了。SunGard 的“接收大员”对我们开发的 BWS 系统赞赏不已，承诺我所在的部门不会裁员，还准备投入资金、人力，把产品开发成旗舰产品。那一刻，我感觉自己就像灾难中的幸存者一样。然而，命运又一次捉弄了人。12 月中旬的一天，我所在的部门突然被“一锅端”了，真是世事难料啊！

那时的华尔街正逢“9·11 事件”过后的不景气阶段，各大公司的裁员声一浪高过一浪，被裁掉的员工不计其数。据统计，当年华尔街的从业人员从 40 万裁到了 20 万，裁员数量大得惊人。

2003 年新年刚过，备受打击的我不得不打起精神重新找工作。

如以往那样发出了一批履历，但除了猎头公司来了几个电话，就没有任何音讯了。这是以往不曾有过的，我感到不对劲儿了。后来看到一份统计资料才知道，那时 35％的公司在裁员，60％的公司人事冻结，而仅剩的5%招工的公司又大都通过内部招聘，如员工的介绍等进行。

通过多方努力，一月中旬开始，渐渐地有了面谈机会。

第一个是汇丰银行，一谈下来发现，他们那个部门的业务我从未做过，于是我将履历改了一下，加上了金融的内容，同时恶补了相关的知识。

二月开始，面谈多了，包括西班牙国际银行、美洲集团、美林证券等，但因人事冻结，只签3～6个月的短期合同，我便将这些面谈作为练兵，积累经验。

不久，又有两家公司的面谈被列上了日程表，这两家无论在技术还是业务上都和我以往的经验很吻合，我抱着必胜的信念上路了。

第一家是CIDC公司，一谈下来非常对路，估计成功的概率很大！哪想到情况突变，他们突然不添人手了，我的心再一次跌到了谷底。

第二家是瑞士的第一大财团，面谈后双方都很满意。但问题是他们不在纽约，在康州。因妻子在纽约读书，我只好作罢。接连失去两次机会，我有些慌了。

就在这时，我接到了一个电话。一个自称唐的人开口就问我："你是不是在找工作？知道全世界房价最高的地方在哪儿吗？""旧金山。""那么哪里的生活水平最高呢？""当然是日本东京喽。"他一个接一个地问我一些与工作不相关的问题，令我十分纳闷儿。后来我才知道，他来自CSFB（瑞士的第二大财团下属的投资银行），正在物色适合的助理副总裁，负责该银行的电子交易软件的开发。

中国人的技术不成问题，可交流常常出问题，所以，他们从收到的四百多份履历中先挑出80份通电话，然后选出30个人面谈，再选出18个送到总部面谈……

经过一番激烈的竞争，一星期后，我终于接到了翘首以盼的正式聘书，薪金竟然比我以前还多出5000美元，真令人惊喜！

生活中，面对困境，我们常常会有走投无路的感觉，不要气馁，再坚持一下，希望就在拐角处等着你！

乐享成败

生活的安排有时真的很奇特，很多时候都是柳暗花明又一村。人生永远不会走入绝境，当走到一条看似绝境的路口时，可能拐点就在前方等着你。所以，每个人面对挫折，都不要心灰意冷，拐过一个路口，或许更广阔的天地就在不远的前方等着你。

坚持到底的业务员

约翰以前是一家报社的职员。他刚到报社时，被安排在广告部当广告业务员。

约翰对自己很有信心，他向经理提出不要薪水，只从自己拉到的广告费中抽取报酬就行。经理高兴地答应了他的请求。

于是，他查找列出一份城市里知名企业客户的名单，准备去拜访这些很有实力的企业家，争取能和他们建立长久的业务联系。

公司里的业务员看到这个单子后，都认为那些客户是不可能与报社合作的。

在去拜访这些客户前，约翰把自己关在屋里，站在镜子前，把名单上的客户念了10遍，然后对自己说："在本月之前，你们将向我购买广告版面。"

他怀着坚定的信心去拜访那些客户。

第一天，他和这些被看做"不可能的"客户中的三个谈成了交易。在第一个星期的另外几天，他又成交了两笔交易。到第一个月的月底，20个客户只有一个还不买他的广告。

在第二个月里，约翰没有去拜访新客户。每天早晨，最后那位拒绝买他的广告的客户的商店一开门，他就进去和这个商人商谈，请他做广告。而这位商人却总是相同的回答："不!"当这位商人说"不"时，约翰就假装没听到，然后继续前去拜访。

到那个月的最后一天，对约翰已经连着说了一个月"不"的商人说："你已经浪费了一个月的时间来请求我买你的广告，我现在想知道的是，你为何要坚持这样做。"

约翰还是彬彬有礼地说："我并没浪费时间，我等于在上学，而你就是我的老师，我一直训练自己在逆境中的坚持精神。"那位商人点点头，接着约翰的话说："我也要向你承认，我也等于在上学，而你就是我的老师。你已经教会了我坚持到底这一课，对我来说，这比金钱更有价值，为了向你表示我的感激，我要买你的一个广告版面，当做我付给你的学费。"

乐享成败

成功是一个很懒的女神，你敲几下门停止了，她就懒得来开门；你不停地敲下去，她就不得不来开门了。

风险的馈赠

1996年初，一位叫王小鸣的年轻人在母亲55岁生日时，拿出两百多元为妈妈买回了一瓶国内刚盛行的美国阿拉斯加深海鱼油。妈妈开玩笑似的说这鱼油太贵，让王小鸣按瓶上美国的地址去退货。妈妈的话让小鸣灵感突至，深海鱼油价格贵，利润一定高，而且刚刚进入中国市场，说不定这是一个难得的机遇。

第二天，英语颇好的王小鸣真就照着那瓶鱼油上的地址给美国方面发了第一封信，毛遂自荐愿成为其在中国西南地区的代理商。没想到，一个月后，美国方面居然正式回函，并一同寄来了外贸合同，让签好后传真过去，但在货到后，必须马上用不可撤销信用证将货款汇过去。再看合同上的价格，老天爷！每瓶仅为2美元！

当时王小鸣连美国都没去过一趟，连深海鱼油都没尝一粒，更没有做外贸生意的任何实践经验，因此他对这笔生意能否成功毫无把握。亲戚朋友也劝他，不要冒这个风险。但王小鸣认定：担心失败而不敢尝试，就永远不会有成功。他以最短的时间，说服亲戚朋友借钱并且卖了自己的房子，总算凑齐了50万元人民币。他签下合同传真至美国。仅仅一个星期后，货准时从美国旧金山港发出。王小鸣飞往上海验货后交付了4000美金运费及25%的关税，非常守信用地将已换成美金的货款约10万人民币用信用证发给了美方。谁也没想到，当年的深海鱼油在中国卖疯了，王小鸣的货一入库，就有大批买家找上门来。王小鸣以每瓶低于市场批发价10元的价格，将整集装箱的货统统卖光，王小鸣一细算，这一集装箱19200瓶深海鱼油共卖了约230万元，扣除成本50

万元，一次净赚了180万元，满打满算前后共费时4个月……那一年，他为自己赚回了整整400万元人民币！

没有哪种成功会有十足的把握，往往是风险越大，获得成功后得到的回报就越丰厚，但如果失败了，受到的损失则越惨重。因此，要想获得更大的成功，就必须勇于承受更大的风险，就更要做好迎接失败的思想准备。

乐享成败

成功与风险是孪生兄弟，他们形影不离。想要进入政坛，就要忍受无处不在的明枪暗箭；想要搏击商海，就要面对永不停歇的惊涛骇浪。要知道，没有一条成功的道路是平坦的，不入虎穴，焉得虎子？关键就看你是否快人一步。

第四章

在失败中学会奋起

失败是人生以及人生成长中不可缺少的元素，它会使我们的生活更加精彩。不能经受失败的人，也不会有什么大的作为。人生难免会遭遇失败，但不能一味沉浸在痛苦之中。如果能够迅速调整心态，找回取得胜利的勇气，那么，你同样也会取得成功，收获快乐与幸福。

逆境中长存希望

拿破仑出身于穷困的科西嘉没落贵族家庭，他父亲送他进了一个贵族学校上学。他的同学都很富有，他们大肆讽刺拿破仑的穷苦。拿破仑非常愤怒，却一筹莫展，屈服在威势之下就这样忍受了 5 年的痛苦。但是每一种嘲笑，每一种欺侮，每一种轻视的态度，都使拿破仑增加了决心，发誓要做给他们看看，证明他确实是高于他们的。

他是如何做的呢？这当然不是一件容易的事，他一点也不空口自夸。他只是心里暗暗计划，决定利用这些没有头脑却傲慢的人作为桥梁，使自己成功。

在拿破仑 16 岁当少尉的那年，他遭受了另外一个打击，那就是他父亲的去世。从那以后，他不得不从最少的薪金中，省出一部分来帮助母亲。当他接受第一次军事征召时，必须步行到遥远的发隆斯去加入部队。等他到了部队里时，着见他的同伴正在用多余的时间追求女人和赌博。而他那不受人喜欢的体格使他没有资格得到以前的那个职位。同时，他的贫困也使他失掉了后来争取到的职位。于是，他改变方针，用埋首读书的方法，去努力和他们竞争。读书是和呼吸一样自由的，因为他可以不花钱在图书馆里借书读。这使他得到了很大的收获。拿破仑并不是读没有意义的书，也不是专以读书来消遣自己的烦闷，而是为自己将来的理想做准备。他下定决心要让全天下的人知道自己的才华。通过几年的用功，他的读书笔记，经后来印刷出来的就有四百多页。他想象自己是一个总司令，在科西嘉岛的地图上清楚地指出哪些地方应当布置防范，这是用数学的方法精确地计算出来的。因此，他数学的才能获得了提高，这使他第一次有机会展示他能做什么。

长官见拿破仑的学问很好，便派他在操练场上做一些工作，这是需要极复杂的计算能力的。他的工作做得极好，于是他获得了新的机会，并开始走上有权势的道路了。这时一切的情形都改变了，从前嘲笑他的人，现在都拥到他前面来，想分享一点他得到的奖励金；从前轻视他的，现在都希望成为他的朋友；从前藐视他矮小、无用、死用功的人，现在也都改为尊重他。他们都变成了他的忠心拥戴者。

难道这是天才所造成的奇异改变吗？抑或是因为他不停地工作而得到的成功呢？拿破仑确实是聪明，他也确实是肯下工夫，不过还是有一种力量比知识和聪明来得更重要，那就是用坚韧的毅力直面眼前的困难。

有三只青蛙一同掉进一只装满鲜奶的桶中，第一只青蛙说："这是神的旨意。"于是，它盘起后腿，一动也不动。

第二只青蛙说："这只木桶太深了，我实在没有办法跳出去。"说完，也同样动也不动，不久，这两只青蛙就都被淹死了。

只有第三只青蛙没有放弃努力，它想："只要我的后腿还有些力气，我就一定要把头伸到鲜奶上面。"它就这样慢慢地游啊，游啊。忽然，它觉得它的腿碰到了一些硬硬的东西，试试，居然能够站在上面。原来，它不停地游来游去，把鲜奶搅成了奶酪。第三只青蛙站在奶酪上面，一跃跳出了桶外。

每个人都可能有环境不好、遭遇坎坷、工作困难、事业失意的时候，可以说，在我们每个人没有降生到这个世界之前，就被注定了要背负起经历各种困难折磨的命运。既然是前生注定，那么今生的苦苦乐乐就是难以避免的。做生意顺利时，财源滚滚而来，取之不尽，用之不竭。一旦遇上风险逆境来临时，就又要过一段节衣缩食的日子。不够坚强的人当逆境来临时，就会匆匆结束这次旅行，提前承认自己的失败；而假如我们足够坚强，就该明白，我们就是为经历这些逆境而来的。

乐享成败

逆境之中应该顽强。谁都有失败的时候，即使是在艰难中，也应该奋斗，如果不采取行动，那就只能坐以待毙。学着正视失败，学着在失败中书写成功人生。

坚持不懈的力量

股票大王约瑟夫·贺希哈小时候是个乞丐，但他却发誓，自己一定要成就一番伟大的事业。

在流浪街头觅食中，约瑟夫·贺希哈每天拾获别人废弃的报纸之后，便坐在街边的石椅上看个不停，晚上则借助路边灯光阅读捡来的书。在这种恶劣的环境下，他慢慢地对书报上的经济信息、股市行情产生了兴趣，于是，他决心从股票方面发展自己的事业。

一个衣不蔽体、食不果腹的一无所有者，竟然想发展股票事业，人们觉得他简直是异想天开。但是约瑟夫·贺希哈就是凭着他这股顽强的进取精神，一步一步地往这个目标前进。

1914 年第一次世界大战开始了，纽约证券交易所和其他证券交易所都因经营惨淡而关闭了，绝大多数证券公司也岌岌可危。就在这个时刻，约瑟夫·贺希哈到证券交易所去找工作。几位在交易所门口玩纸牌的人听到他来找工作，不禁哄然大笑起来，认为他在股市大崩溃的情况下还想做股票工作，肯定是神经有问题。

贺希哈没有灰心丧气，他转身到别的交易所去寻找工作。在接连受到了冷笑、讥讽的情况下，他仍不放弃自己的追求，最后，他来到了百老汇大街120号的依奎布大厦，在爱迪生留声机公司那里找到了一份工作，那是一份干办公室勤杂和午间总机接线的工作，工薪很低，每周只有12美元。

他满腔热情地开始了工作，并十分珍惜自己获得的这个机会。

他利用晚间和假日认真钻研股票业务和市场行情，不久，贺希哈发现爱默生留声机公司也发行股票和经营股票，于是他时刻注意着公司的经营情况。他想，自己现在从事的勤杂工作与高层次的股票工作差距太大，怎么能使自己靠拢它乃至参与它呢?

有一天上午，他鼓起勇气，敲开总经理办公室的门，大胆地提出："总经理先生，我可以做您的股票经纪人吗?"总经理惊讶后稍沉默了一下，盯着这位犹太小伙子，觉得他半年来工作勤快，反应灵活，于是，对贺希哈说："胆量是股海冲浪的首要条件，你既然有这种勇气，就试试看吧!"

此后，贺希哈成为爱默生留声机公司股票行情图的绘制员，他运用自己积累的股票知识和行情资料，很快就上手了。在工作中，他对股票买卖领悟更深了，这为他日后事业的发展打下了坚实基础。

贺希哈在爱默生公司工作时，每天除了花很少的车费、午餐费和零用钱外，其余全部积蓄起来。同时，他还替另一家股票交易所当跑腿，这份兼职工作是从每天下午6时到第二天凌晨2时，来回跑送有关文件，每星期从中赚取12美元的报酬。经过3年的艰辛努力，他积累了2000美元。于是，他根据自己的奋斗计划，独立地成为了一名股票经纪人，从此走上发迹之路。不到1年时间，他已经拥有了168万美元的资产。

股海是风云突变的，它不为人们的意志所左右。当贺希哈的财富积累到超亿美元之时，有一次股市骤然下跌，他买进一家钢铁公司的股票所赚到的上千万美元及其他多宗赢利，一下亏光了。

这一次惨败没有挫掉贺希哈积极进取的精神，相反，使他更坚定信心，变得更聪明了。他回忆说："这一次失败只给我留下4000美元。几年的奋斗积累几乎全输光了，那是我一生最痛苦的一次错误。但是，我认为，一个人如果说不会犯错误，他就是在说谎话。我如果不犯错误，也就没有办法学到经验。"

确实，那次失误后，贺希哈经营股票顺利得多了。到1928年，他已经成为每月可以赚20万美元的股票大王了。

1929年是他最辉煌的一年。这一年也是股市历史上最热闹的一年，几乎全民都加入了股票买卖的行列。

丰富的经验已使贺希哈认定大雨和风暴即将来临，他果断地将1928年末至1929年初大量买入的各类股票，一分不留地抛售，得到了相当于原来投资十多倍的回报，他一下又赚了超亿美元，成为当时赫赫有名的股票大王。

乐享成败

一个人的发迹不容易，这些人必须首先具有积极进取的精神，并能坚持细心观察，认真学习，不畏困难。即使失败，也有从头再来的勇气。

我生命中的两次"重伤"

一个人成长的过程，是一个不断在失败中寻找与把握机会的过程。没有失败就无所谓成功，没有遭遇过挫折和失败的人生是不丰富的人生，就像白开水，纯净却没有味道。一个人是否活得丰富，不能看他的年龄，而要看他生命的过程是否多彩，还要看他在体验生命的过程中能否把握住机会。

人生的机会通常是有伪装的，它们穿着可怕的外衣来到你的身边，大多数人会避而远之，但那些具备独特素质的人却能看到其本质并抓住它们。这些素质中最重要的就是承受失败的能力和勇气。我在自己的生命历程中遭遇了很多次失败，但也正是这些失败及其背后隐藏的机会成就了我。最终，我懂得了一个道理，就是藏在失败背后的机会也许是最好的机会，这也使我进一步增加了坚强面对失败的勇气。到后来，坦然面对挫折和失败便成了我的一种常态，在失败面前，我会不断激发自己的斗志，就像高尔基在《海燕》中所说的那样：让暴风雨（失败）来得更猛烈些吧！

下面我来讲述对我生命有转折意义的两次失败。

第一次是我的高考。我在一篇文章中讲过我高考的故事，那时的我并没有远大的志向，作为一个农民的孩子，离开农村到城市生活就是我的梦想，而高考在当时是离开农村的唯一出路。但是由于基础知识薄弱等原因，我第一次高考失败得很惨，英语才得了 33 分；第二年我又考了一次，英语得了 55 分，依然是名落孙山：我坚持考了三年，最终考进了北大。这里我想说明两点：第一点是坚持的重要性，因为无视失败的坚持是成功的基础；第二点是能力和目标成正比，能力增加了，人生目标自然就提高了。我一开始并没有想考北大，师范大专是我的最高目标，但高考分数上去了，自然就进了北大。这算是我第一次体会到失败和成功交织的滋味。

我的另一次刻骨铭心的失败是我的留学梦的破灭。20 世纪 80 年代末，中国出现了留学热潮，我的很多同学和朋友都相继出国。我在家庭和社会的压力下也开始动心。1988 年我托福考了高分，但就在我全力以赴为出国而奋斗时，动荡的 1989 年导致美国对中国紧缩留学政策。以后的两年，中国赴美留学人数大减，再加上我在北大学习成绩并不算优秀，赴美留学的梦想在努力了三年半后付诸东流，一起逝去的还有我所有的积蓄。为了谋生，我到北大外面去兼课教书，因触犯北大的利益而被记过处分。

为了挽救颜面我不得不离开北大，生命和前途似乎都到了暗无天日的地步。但正是这些折磨使我找到了新的机会。尽管留学失败，我却对出国考试和出国流程了如指掌；尽管没有面子在北大待下去，我反而因此对培训行业越来越熟悉。正是这些，帮助我抓住了个人生命中最大的一次机会：创办了北京新东方学校。

一个人可以从生命的磨难和失败中成长，正像腐朽的土壤中可以生长鲜活的植物。土壤也许腐朽，但它可以为植物提供营养；失败固然可惜，但它可以磨炼我们的智慧和勇气，进而创造更多的机会。只有当我们能够以平和的心态面对失败和考验，我们才能成熟、收获。而那些失败和挫折，都将成为生命中的无价之宝，值得我们在记忆深处永远收藏。

乐享成败

如果你向失败低头，心里永远装着“我不能”三个字，那你就得永远喝白开水，体会不到人生的苦乐。其实，一次经历就是一次机遇，失败了，没什么。关键是把这次失败当做下次冲锋的起点，继续奋斗！相信自己，我能！

绊倒你的也许正是金块

中文系的才子肖宇毕业后，竟出人意料地去了一家医药公司做了营销员。很辛苦地奔波了一年，他业绩平平，甚至不如那些中专毕业生。不服气的他干脆辞职，与两位校友合伙开了一家广告策划公司。三个聪明的脑袋凑到一起，非但没像预想的那样赚到钱，还伤了彼此的友情，落了一个不欢而散的结局。这时，肖宇又四处借贷，独自撑起一个不大的门面，先是卖手机，接着又卖电脑耗材，结果又是白白地忙碌了一遭，亏空不少。

转眼间毕业 5 年了，商海中连连受挫的肖宇，看着昔日大学同窗在各自领域里均有不俗的业绩，不由得频频感叹自己命运不佳，枉费了自己的聪明和勤奋。

一日，肖宇见到了大学里讲哲学的韩老师，他谈起自己涉世之初所摔的一连串的跟头，韩老师笑着说："年轻人摔摔跟头也好，再说了，绊倒你的并非都是石头啊。"

"让我摔跟头的不是石头，难道还能是金块吗?"他以为韩老师又要用"失败是成功之母"之类的大道理来安慰他。

"凡事需得仔细思考，不能妄自断言。时间和事实会告诉你，绊倒你的也许正是金块呢。"老师依然微笑着，并送他一本书，要他回去仔细读读，认真想想。

绊倒自己的怎么会是金块呢？肖宇满腹狐疑地打开韩老师送他的那本智慧书，不经意地随手翻到一页读了起来，读着那上面的一个小故事，他不禁怦然心动。

19世纪中叶，美国的科罗拉多峡谷发现了金矿。于是，淘金者们闻讯从四面八方蜂拥而至，一时间，长长的峡谷里人声鼎沸。清贫的坎普森也怀揣发财梦，毅然离开了受雇的农场主，加入到淘金者的行列。

十分不幸，在一个漆黑的雨夜，坎普森在急切地穿越一座山谷时，不慎被一块大石头重重地绊了一个跟头，顺着山坡滚落下去，摔得他鼻青脸肿，两条腿都骨折了。在山脚下那个好心的汤姆老人的小屋里躺了整整5个月，他才能跛着脚下地慢慢活动一下。

拖着一条残腿，他无法再去淘金了，也不能再回那个不辞而别的农场了。他轻轻拭去眼泪，跟着汤姆老人来到他跌倒的那个山谷。汤姆老人指着前方一块块淤泥堆积的滩涂，满脸自信地告诉他：“孩子，这可是上帝送你的宝地啊，肥沃得插根筷子都会发芽的。”

会全套的农活，却始终没有一亩属于自己的土地的坎普森，踩着松软的淤泥，露出了笑容——他知道自己该在哪里淘金了。他立刻向汤姆老人借来种子和农具，在那个被人遗忘的山谷里忙碌起来。

秋天来临时，那块被无数淘金者忽略的滩涂，果然变成了汤姆老人预言的神奇的聚宝盆，丰收的果实让勤快的坎普森的腰包马上鼓了起来。接着，他又断断续续开垦了一片片土地。不久，他又接手了汤姆老人经营了几十年的一大片山地，雇用了许多菜农、果农和种植工，开开心心地当上了富裕的庄园主。

几年后，当初那些淘金者的命运却是——科罗拉多峡谷的藏金量并不多，淘金者们把整个峡谷掘得满目疮痍，也只有极少数人发了财，绝大多数的人扔掉了工作，荒芜了田园，花光了本钱，抛尽了汗水，却只赚得失望怅然而归，有人甚至还把性命丢在了荒郊野外。

此时，已是腰缠万贯的坎普森正悠然地坐在阳光下，指着已搬到院中的那块曾绊倒过自己的石头，向人们自豪地讲述：“这就是当年绊倒我的金块，它让我懂得了该到哪里才能掘到自己的金子……”

“对呀，必须要找准地方，才能掘到金子。”肖宇恍然大悟。

不久，肖宇关闭了毫无生气的店铺，远离了喧嚷的市声，躲到一个僻静的地方，开始潜心于文学创作。随着一部部作品的接连畅销，他很快便拥有了豪宅和名车，潇洒地成了名人俱乐部会员。

那天，正在省城新华书店签名售书时，肖宇在涌动的人群中发现了韩老师，他激动地跑上前去，恭恭敬敬地向韩老师深鞠一躬，再次由衷地感谢韩老师当初那宝贵的赠书与赠言。

西方有句俗语——上帝在向你关闭一扇门时，一定会给你打开另一扇窗户。在生活中，当你接二连三地遭遇失败时，切记不要急于抱怨什么，不妨坐下来认真地总结一下，不妨扪心自问：自己是否找准了努力的方向？自己的那些汗水是否洒对了地方？

乐享成败

肖宇的经历告诉我们：某些挫折其实正暗示自己“此路不通”，需要及时地转弯。谁能及早地意识到了这一点，谁就能把曾绊倒自己的石头，用智慧把它点化成神奇的金块。

把“烂牌”打好

1973年，他出生于台南小镇一个普通的家庭。高中时，他似一匹脱缰的野马，逃课、逃家、飙车样样来，每天在游乐场和撞球间混，他是众人眼中的浪荡子，他甚至瞒着父亲“拒绝联考”，被发现后离家出走，把父亲气到快进精神病院。从此，他在社会大学里修炼学分：干搬运工、水泥工、货车司机，到处打零工养活自己。有一段时间，他不得不睡游乐场楼上的夹板床，和三教九流蹲坐在墙脚边抽烟。

21岁后，他和好友合伙做生意，从健身器材、RO逆渗透机到汽车用品，但没一个生意超过半年。两年后，他进入一家公司卖韩国现代汽车，照样过着颓废的生活，日夜颠倒，每天上班都迟到。后来他的车子丢了，就在那一晚，兼职创业的他又被合伙人骗走了100多万新台币。心情沮丧到了极点。在社会大学里跌跌撞撞了几年，他翻然醒悟，人生不可以再荒废下去！

然而，他手中拿到的却是一副烂牌：

第一张烂牌——他没有富爸爸，且只有高中学历。

第二张烂牌——现代汽车在台湾地区顾客满意度排名表中是倒数第二名。

第三张烂牌——现代汽车的销售量倒数第一。业界人士形容，“卖一辆现代汽车，比卖三辆丰田汽车还难”。

第四张烂牌——公司财务状况不佳。他服务的公司连续多年亏损，财务危机不断，公司给业务员的资源少得可怜。

第五张烂牌——销售据点在穷乡僻壤。他所在的营业处位于台南县佳里镇，居民不到6万人。而营业处的150多位业务员几乎都跳槽了，只有他和其余二十来位留了下来。

他决心要在这片贫瘠的小池塘里当王，而不到大海里当小鱼。

一开始，他得面对销售弱势品牌的挑战，因为品牌不强，客户很容易变卦，那一年，他连年终奖金都没有领到。但他没有被打倒，他激励自己：“好卖的车，谁都会卖。如果我卖别人不想卖的车，就很少有人和我抢客户，我就有更多机会。”

山穷水尽之时，他信奉最伟大的汽车销售员乔·吉拉德的“250定律”：满意的顾客会影响250人，抱怨的顾客也会影响250人，这后来成为他制胜的秘籍。凭着憨直、真诚、“被拒绝九次仍不放弃”的付出，他赢得了客户的信任。很多客户变成他的铁杆儿“业务员”，来帮他卖车，甚至有一位半身不遂的客户，只剩下一张嘴巴能动，还在帮他介绍客户。

从他眼中看出去，每样事物皆是美好。别人眼中，现代汽车是韩国品牌，品质不好，更换零件不方便，但在他眼里，现代车却“有法拉利设计师设计的流线外形，使用的是奔驰引擎”。愿意买现代车的客人少，他会说：“客户少，能提供给客户的服务才能做得更好，这是我们的优势”；碰上公司连年亏损，连每年发送客户的月历礼品都限量配额，他却说：“这样我才更能仔细地选择真正会买车的客人……”

2005 年，他竟然卖出 205 辆汽车，平均 1.8 天一辆车！创下台湾地区有史以来年度最高汽车销售纪录。那一年，他的年收入高达 560 万元（新台币）。

他就是台湾地区销售天王林文贵。2007 年 9 月中旬，他成为第一届《商业周刊》“超级业务员大奖”金奖得主。评委给出的评语是，“他就像生长在悬崖上的兰花，没有土，没有水，悬崖上的风还很大，自己却从细缝中活出了精彩”。

上帝给予谁的都不会很多。人生中真正重要的不是我们手中握一把什么样的牌，而是如何去打。有了正面的思考、积极的心态和不懈的努力，即使我们连一张好牌都没有，也能靠自己一路拼搏打出好牌，更能在一片恶土上开垦出一座漂亮的花园。

乐享成败

彩虹在雨后升起，黎明将黑暗冲破，成功从失败中走来。没有经历，没有挫折，没有失败，就没有成功。也许，此时的你正处于人生的低谷，但只要你不放弃，不认输，就能慢慢地从低谷中走出来，走向一个彩虹般的世界。

请挫折“上一堂课”

一位朋友谈到了他的遭遇。

在十多年前，因为信任，他借给朋友 1800 万去周转。这位多年深交的好友是生意人，事业做得很大，住豪宅，开名车。只是两个月后，这位“好朋友”突然消失了，完全找不到任何信息，听说为了躲债跑到美国去了。而那 1800 万瞬时成了收不回的死债。更让人感慨的是在这个庞大数字里，有 800 万是他拉下脸向亲朋好友借来的。

事情发生之后，他变得很消沉，觉得人生没有希望了。他开始封闭自己，不与人交往，心中充满了怨与恨。直到他听了一场演讲，这场演讲中的一个故事才彻底改变了他的观念及接下来的人生际遇。

故事的内容是有一个人要开车回家，车子行驶在高速公路上，紧跟在一部货车的后头。货车上堆满了重物，不幸的事发生了，车顶上固定货物的绳子并没有绑牢，东西瞬间落了下来，发生了车祸。

这个人双脚因此断掉，人生的后半辈子从此将在轮椅上度过，他的心充满了怨恨。后来这个人的老师来看他，希望他能从痛苦中解脱出来，于是问了他几个问题。

老师说：“是谁选择开车上路的？”

“是我。”

“是谁选择在这个时间回家的？”

“是我。”

“回家的路有那么多条，是谁选择走这条路的？”

“是我。”

"高速公路上的车子这么多，是谁选择开在这部货车的后面？"

年轻人低着头，若有所思地回答说："还是我。"

老师继续说道："东西没有绑好，可能会落下来，这是已存在的事实，无论如何砸下来的结果都一定会发生的。如果没有砸到你，也可能会砸到别人。但此刻的结果是谁让它发生的呢？如果不是你选择在这个时间上路，不是你选择走这条路，不是你选择跟在这部货车的后面，甚至没有保持足够的安全距离，那么即使东西掉下来，也没有人会受伤，不是吗？所以，你认为你究竟该不该负责任呢？"

故事中的这些对话像是"棒喝"一样，深深地敲击着他。是的！是他自己决定要借这 1800 万，而不是 180 万或 1.8 万。

他想通了，决定扛起一切责任。而就在那一刻，所有的怨恨都不见了。他理了头发，买了一套新西装，重新开始为事业打拼。他比以前更努力也更谨慎了。后来他不仅在短时间内偿还了债务，并且重新为自己的工作找到定位，现在他已是一家知名的建设公司的董事长。

没有人一生都是一帆风顺的，每个人多多少少都会遭逢一些艰难险阻，会"被挫折上一堂课"。你可以选择怪罪别人、诅咒老天爷不公平，但这些都不能改变事实。而若能从这些挫败中吸取教训，为自己负起责任，那么这堂"课"不管代价是多少，都是值得的。

就从现在开始停止埋怨吧，你的未来将会从此刻起与众不同！

乐享成败

人生的道路坎坷不平，每个人都会碰到"钉子"，遭遇挫折。只有勇敢面对，不抱怨，把挫折当成是磨炼意志的机遇，增长能力的契机，才能走上成功之路。不经历风雨，永远也没有资格欣赏彩虹的美丽。

大火烧出的奇迹

1933年，正当经济危机在美国蔓延时，哈理逊纺织公司因一场大火化为灰烬。3000名员工悲观地回到家里，等待着董事长宣布公司破产和失业风暴的来临。在无望而又漫长的等待中，他们终于接到了董事会的一封信：向全公司员工继续支薪一个月。

在全国上下一片萧条的时候，能有这样的消息传来，员工们深感意外。他们惊喜万分，纷纷打电话或写信向董事长亚伦·傅斯表示感谢。

一个月后，正当他们为下个月的生活发愁时，他们又接到公司的第二封信，董事长宣布，再支付全体员工薪酬一个月。3000名员工接到信后，不再是意外和惊喜，而是热泪盈眶。在失业席卷全国、人人生计无着的时候，能得到如此照顾，谁不会感激万分呢？第二天，他们纷纷拥向公司，自发地清理废墟、擦洗机器，还有一些人主动去南方一些州联络被中断的货源。三个月后，哈理逊公司重新转了起来。对这一奇迹，有本书是这样描述的：员工们使出浑身的解数，日夜不懈地卖力工作，恨不得一天干25小时。曾劝董事长傅斯领取保险公司赔款一走了之和批评他感情用事、缺乏商业精神的人开始服输。

现在，哈理逊公司已成为美国最大的纺织品公司，分公司遍布五大洲六十多个国家和地区。

乐享成败

正是有了草的柔嫩，才有了广袤无际的草原；正是有了真情的温

暖，才有了哈理逊纺织厂起死回生的奇迹。世间任何形式的灾难，其实都是人的灾难，只要人们相互温暖，希望也就随之降临。

窗口有面镜子

他感到自己走到了绝境。好不容易找到的工作又丢了，老婆病了，儿子的学习让人操碎心……他觉得人生所有的不幸都被自己遇上了。

每天，他都将自己反锁在卧室里。他越来越害怕出门，不愿意看到熟悉的面孔，而大街上的热闹景象更是让他心烦意乱。为什么别人看起来都那么顺利，那么幸福，唯独自己要遭受一个又一个打击呢？

可是，待在屋里，也让他烦躁不安。天还没亮，几个老人就在楼下做操，烦人！收破烂的高音喇叭，扯着各种各样尖利的方言，烦人！飞过窗前的鸟，喋喋不休地鸣叫，烦人！最烦人的是，每天，对面四楼的窗口，都会伸出一面镜子，在那儿乱照，有时将刺眼的阳光反射进他家，吓他一跳。

他走到窗前，想看看到底是哪个没教养的小家伙在捣蛋。对面的楼距有点远，看不清。他找来儿子的望远镜，这回看清楚了，是面小镜子，可是奇怪，没有人！再细看，原来镜子是绑在一根竹竿上，随着竹竿的晃动，在缓慢地转动。突然，镜子停住了，悬在半空中。他将焦距对准镜子，模模糊糊看到，一些人影在镜子里晃动……

他被激怒了。这个变态狂，是在窥视啊！

忍无可忍，他决定去教训教训这个可恶的家伙。

他找到对面四楼，拍打门，破旧的房门发出震耳的响声。半晌，门打开了，探出一个白发苍苍的脑袋。老太太颤巍巍问他："找谁啊？"

他一下子愣住了。没想到，房子里会住着个这么一大把岁数的老太太。"你家里还有什么人啊？"他问。

"还有个儿子，在屋里，你是找他的啊？"老太太高兴地将他让进了屋。

房间里阴暗、潮湿，散发着一股药物和霉味混合的怪味。他随着老太太走进里屋，一眼就看见了那面镜子，还高高地竖在那儿。竹竿下面是一张床，床上躺着一个人，手里握着竹竿。

他走过去，准备一把扯下镜子，手却突然僵在了空中。

他看见，一张灰暗的扭曲的脸，眼睛大得出奇，深深地凹陷在发黑的眼眶中。浑浊的眼睛，空洞，麻木，无助。

他惊呆了，转身看着老太太，不知道说什么。老太太告诉他，这就是她儿子，这个世界上她唯一的亲人。"儿子命苦啊。15年前，打小就体弱多病又聋又哑的他突然完全瘫痪了，从此就躺在这张床上。我年纪大了，搬不动他，也无法让他出去晒晒太阳。这不，怕他太孤单，前几天我就想了这个笨法子，将镜子绑在竹竿上，这样，他自己就能用镜子照照外面，给眼睛放放风。你瞧，下午还能用镜子反射点阳光进来呢……"老太太絮絮叨叨地说。

他搬进这个小区已经几年了，从来没有注意到就在自己对面的楼房里，还住着这么一对孤苦的母子。

他低着头默默走了出来，扑面而来的阳光，一下子刺得他睁不开眼睛。他的眼里噙着泪花。

他没有回家，而是径直向热闹的市中心走去。他要去重新寻找一份工作，他要从阴影里走出来，他要……

他不经意抬头看了看，四楼的那面镜子，在阳光下发出了耀眼的光芒。

乐享成败

当我们感叹于自己的不幸时，总用别人的幸福来对照。于是，天没有别人头顶的蓝，月亮没有别人看到的圆，就连悲伤，自己的都比别人的浓重。既然如此，那让我们做一面镜子吧，学会感恩，懂得知足。把困难失败放到一边，重新寻找自己的那片蓝天。

有一种失败叫幸运

托马斯·A. 爱迪生的第一次大失败是，学校将他送回家里，并向其父母说，这孩子不可造就。爱迪生当时受到极大震动，他奋发图强，在母亲的良好教育下，加上自己的努力，成为了伟大发明家。而且，爱迪生后来的听力障碍可能会被某些人认为是很大的不幸，但是，爱迪生以一种特殊的方式接受了这个不幸，那就是，他逐渐发展起了通过第六感官“内听”的能力，这或许是他之所以能成功地大量创造发明的一个重要因素。

很小的时候，拿破仑·希尔的母亲就去世了。许多人因此认为，这是极大的终生缺陷。但对他来说，情形完全不同，因为继母给了他良好的影响，鼓舞他选择了一种很合适的职业。倘若没有她，他将不能够走到今天这一步。

拿破仑·希尔还有一位叔叔是亿万富翁，但死后却没有给希尔留下任何遗产。当时他无比伤心，觉得是很大的失败。现在想起来，他倒应该感谢他的叔叔，因为，正由于没有接受到遗产，他才努力靠自己来掌握自己的命运。

对你在特定环境下的失败进行分析，可以揭开这样一个秘密：每一次失败都为后面等量的成功播下了种子。但仅仅是种子而已，它必须由人的自我创造力、想象力与确定的目标来浇灌，才能结出丰硕的果实。

大多数人会认为，损失一条腿的作用是一个极大的不幸，但富兰克林·D. 罗斯福在对待这种不幸上另有办法，他与拐杖相伴一生，创造出了许多健康人都无能为力的事迹。因为他对自己的不幸的精神注意力减小到了最低程度。

亚伯拉罕·林肯当年在做店员、勘测员、士兵、律师时的不成功，他将其天才引导到了一个正确的方向上，使自己成为美国历史上最伟大的总统。

克拉伦斯·桑德尔在帮店员工作时产生了一个想法，这个想法使他每年能赚取四百万美元的利润，那就是百货商店的小货物自助管理系统。现在，这种自助系统已经遍及全美。

自然剥夺某人所应享有的先天权利与天伦之乐时，总会以某种形式赋予他等量的成功潜力。

因此，失败到底是幸运还是惩罚，这要看个人对它的反应。若某人能够将失败看成命运之手对他的无形引导，并接受这一信号，把自己的前进方向调整到正确的轨道上，那么失败对他来说就是幸福。若某人将失败看成是天意对他本身软弱与无能的暗示，而从此心灰意冷，那么失败对他来说就是惩罚。

失败是测定个人软弱度的最好“装置”，而且它会随之提供克服弱点的机会，在这个意义上，失败又成了一种“幸运”。

失败作用于人的途径不外下列两种：

第一，失败作为对更大努力要求的挑战；

第二，失败冲击个人再试一次的勇气。

大多数人都是在失败的信号来临时便放弃希望，止步不前，甚至一点征兆都没有就已灰心丧气。而且，有很多人在受到仅仅一次失败的打击后便丢盔弃甲。杰出的人物则不是这样，他们总是在失败之后鼓起更大的热情和干劲。

你不妨反思一下自己的失败，看看自己是否有坚强的意志力，对失败能否给出坚定的反应。

如果在连续 3 次失败之后你还能顽强不息地奋斗，就不必怀疑自己在选定的领域内可能成为一位杰出人物。

如果在连续 12 次失败之后你还跃跃欲试，这说明天才的种子已经在你的心田里发芽成长，只要给予它希望与信心的阳光雨露，就渴望开出成功的花朵。

乐享成败

若总能在失败之后奋进不息，那么“成功之母”就会对你的暂时挫折和失利给予宽宏的谅解，但是，它对那些因前路艰辛而止步不前的“罪行”是不会有任何原谅的。要记住，生活的座右铭是：胜利者永不止步，止步者永无胜利！生活就是这样，有时候在敢于挑战的人眼中，失败也是一种幸运。

备份挫折

逆境是人生最深刻的教科书，只有逆境，才能培养出人的难能可贵的意志力。

人生的强者都是从风雨中走出来的。人生，其实是一种跋涉于泥淖之中的境遇。

车尔尼雪夫斯基曾说过：“历史的道路不是涅瓦大街上的人行道，它完全是在田野中前进的，有时穿过尘埃，有时穿过泥泞，有时横渡沼泽，有时经过丛林。”人的生活道路也并不总是洒满阳光、充满诗意，常常也会遇上沼泽、寒风或面临荆棘丛生的小道。逆境，应该是现代人生的一个必修课题。也许你一心报国而伤身毁容，遭女友的绝情遗弃；或者屡考大学不就，招来周围的闲言碎语。也许你呻吟床褥，病魔缠身，陷在深深的孤独之中；或者思改前咎，奋力向前，不仅不为人所理解，反遭冷落挖苦。也许你叛逆旧的生活方式，向恶习旧俗挑战，一时得不到安慰和支持；或者身遭陷害，命运莫测，受尽委屈。此外经济的拮据，错误的处置，意外的不幸，一时的误解都可能使你处于一时的逆境之中。

没有人能给生活贴上永久顺利的标签，但面对逆境的选择却依志殊异。懦弱者尽尝烦恼，度日如年；畏难者磨去锐气，把安逸作为摇篮；有志者自强不息，面对似乎是毫无希望的境遇，在逆境时间的荒野上开垦孕育价值的沃土。

逆境生活是一部深奥的人生教科书。它吞噬意志薄弱的失败者，而常常造就毅力超群的成功者。司马迁“辱受宫刑而不辞”，发奋著述，终于写成《史记》这样的旷古之作；贝多芬的数部交响曲都是用理智战胜情感，忍受着失恋的伤痛，靠着对事业追求不息的生命支撑点谱写而成；丹麦的安徒生一贫如洗，全家睡在一个搁棺材的木架上，他也常常流浪在哥本哈根的街头巷尾，却成为世界文坛的名流豪杰；英国物理学家法拉第出身贫寒，当过学徒卖过报，吃了上顿缺下顿，但却百折不挠，创立了电磁感应定律，为人类敲开了电气时代的大门……逆境并非绝境，在人类历史的长河中，具有“坦途在前，人又何必因为一点小障碍而不走路”这样的豪迈气派，为科学和文明作出贡献的前驱者可谓满目皆是，翻览即见。

逆境能培养人的难能可贵的意志力量。长期的逆境生活可以锤炼人不舍之功的长期性，凝就毅力的持久性，培育出耐心、恒心、韧性和悟性。在人生的搏击中，往往毅力比智力更宝贵。“锲而不舍，金石可镂”，“飞瀑之下，必有深潭”，时间的效率只有持之以恒、穷追不舍才能获得；而功贵不舍的精神常常在逆境的磨炼中才能造就。身处逆境者应该时时想到，思想的波涛已到了悬崖口上，再前进一步，就会变成宏伟壮观的瀑布，以此不断自励，终能迎来光明的未来。

此外，逆境还能加快人的各种必备素质重新组合的速度。作为一个现代人，应该具备自信性、自主性、决断性、创造性等素质，在逆境的条件下，这些素质都会一个接一个地对身处逆境者提出挑战，进行考验。如何超越历史的陈迹、超越环境的束缚、超越社会的不尽如人意处、超越自身的弱点等，这些人生的价值选择都必须让你面对，需要你在孤独的沉思中做出判断抉择。因此逆境不仅能培养出人的各种素质，而且能使现代人的素质和重新组合速度加快，并产生新的素质组合的合力。

正如任何一个徽章都有反面一样，从时间学上来探讨逆境的时效，并非是宣传逆境优于顺境，鼓励提倡大家都去身处逆境，也不是说身处逆境者的时效利用一定高于身处顺境者。不言而喻，优越的工作、顺利的工作局面、宽裕的经济状况、健康的体魄条件、欢愉的精神状态，对驾驭时间自有众多的优胜之处。

乐享成败

生活中的不幸者，应当懂得多难兴才。时间从来公允无私，时间不欺逆境人，只是在逆境中需要付出成倍的艰辛劳动，才能取得时间的回报。备份下一份挫折，是为了更好地面对以后的磨难，是为了让我们更好地学会用失败书写成功人生。

以开放的思维面对挫折

面对挫折，不要将自己的眼光局限在小圈子内，要开放思维，从多个角度去思考，这样往往能轻易地找到解决方法。面对挫折常常需要我们换个角度去思考。每当遇到挫折和压力时，你可以这样问自己：“除非我自己努力，不然谁会陪我走出沼泽？”

当我们面对挫折时，首先需要控制自己的情感，最重要的是要转变意识，纠正心理错觉。在想不开时换个脑筋想开一点：为什么倒霉的事情可以发生在别人身上，而绝不该发生在你的生活中呢？毫无疑问，世界上有许多美丽的令人愉快的事情，也有许多糟糕的令人烦恼的事，却没有一种神奇的力量只把好事给你，而不让坏事和你沾边，当然也没有一种神奇的力量把好坏不同的境遇完全合理地搭配，绝对平均地分给每个人。一个人如果能真正认识到自己遇到的不如意的难题不过是生活的一部分，并且不以这些难题的存在与否作为衡量是否幸福的标准，那么他便是最聪明的，也是最幸福和最自由的人。

愿望不等于现实，在这点上，人生如同牌局。如果你已经遭受苦难和面临意想不到的压力，即使委屈等待，下一步也不一定就会时来运转。如果连续抛 10 次硬币，每一次都是反面向上，那么第 11 次怎么样呢？许多人会认为是正面，错了！正面向上和反面向上的可能性仍然一样大。如果没有必然联系、因果关系，那么一件事发生的概率是不受先前各种结果的影响的。

虽然人生的挫折大多是难以避免的，但很多人由于心态消极，在心理错觉中导致心理推移这一点上却是自寻烦恼。他们一旦陷入困境，不是怨天尤人，就是自我折磨，自暴自弃。这一切不良情绪只能为自己指示一条永远看不到光明的“死亡之路”。泰戈尔说得好：我们错看了世界，却反过来说世界欺骗了我们。

乐享成败

挫折与不幸，是人生经历中的必要组成部分，这也是既会困扰自己，也会光顾别人的十分正常、合乎情理的事情。如果你认为困境确实是生活的一部分，那么你在遇到它时就会沉住气，就能学会控制自己的情感，凭着勇敢、自信和积极的心态，乐观的情绪，就一定能走出困住自己的沼泽。

在磨难中前进

许多人之所以取得了成功，都源于他们所承受的磨难。最好的才干诞生于烈焰，诞生于砺石之上的磨炼。马登说：“磨难并不是我们的仇人，而是我们的恩人。”正是磨难使我们奋力前行的力量得以增强。这就好像那些橡树，经过千百次暴风雨的洗礼，非但不会折断，反而愈见挺拔。在克里米亚的一场战争中，有一枚炮弹毁灭了一座美丽的花园，弹坑却流出泉水，成了一眼著名的喷泉。这对经历磨难的人而言不啻是一个启示。

许多人不到穷途末路的境地，就不会发现自己的力量，而灾祸的折磨反而使他们发现了真我。磨难也是一样，它犹如凿子和锤子，能够把生命雕琢出力与美来。磨难会激发人的潜力，唤醒沉睡着的雄狮，引人走上成功的道路，如同河蚌能将体内的沙泥化成珍珠一样。

火石不经摩擦不会发出火光。钻石愈坚硬，它的光彩也愈炫目。只有琢磨才能显露出钻石的璀璨。

牢狱生活能唤起真正的勇士心中沉睡的火焰。

在马德里的监狱里，塞万提斯写出了著名的《唐·吉诃德》；《鲁滨孙漂流记》一书也是写在牢狱中的；一部《圣游记》诞生在贝德福德的监狱中；瓦尔德·罗利爵士那著名的《世界历史》，是在他被困监狱的13年中写成的。

马丁·路德被监禁的时候，把《圣经》译成了德文；但丁被宣判死刑，在他被放逐的20年中，仍然孜孜不倦地创作；约瑟尝尽了地坑和暗牢的痛苦，终于做到了埃及的宰相。音乐家贝多芬在两耳失聪、穷困潦倒之时，创作了最伟大的乐章。席勒病魔缠身15年，却在这一时期写就了最辉煌的著作；弥尔顿是在他双目失明、贫困交加之时，写下他最著名的作品。

也许正是因为如此，有人甚至说：如果可能，我宁愿祈祷更多的磨难降临到我的身上。

一个年轻人，原来家境非常贫寒，因此常被那些家境富裕的同学取笑。在同学们的讥笑中，他立志要做出一番轰轰烈烈的事业来。

后来，这个青年果然取得了成功。他说，自己在学生时所受到的各种讥笑是对他最好的磨砺。

近于绝望的境地最能激发人潜伏着的力量；没有这种经历，人们便难以显露真正的力量。很多成功人士都把自己所取得的成就归功于生理的障碍和奋斗的苦难。有人说，如果没有那障碍与苦难的刺激，他们也许只会发掘出他们1%的才能。足够的刺激可以使这一比例扩大5倍以上。

居里夫人说："不要让别人打倒你，不要让事情打倒你。"再补充一句：不要让困难打倒你。

乐享成败

在人生大舞台上，不管你担任的是什么角色，你能不能成功，关键要看你的表演技能如何。你越是能坚持，越是能奋斗，成功的希望就越大。

失败和成功只有一线之隔

苦难塑造了强者健康有力的品格，丰富了他们的斗争经验，锻炼了他们非凡的才干，而这些都是获取成功必不可少的因素。

没有永远顺风的帆船。假若你把一切寄托于好运气上面，你就会成为残酷命运下的牺牲品。

如果你想摘玫瑰，就要不怕刺。很多人在自己的工作岗位上尽心尽力，勤勤恳恳，然而一辈子无声无息，寂寥而终。原因在于缺乏闯劲，根本而言，缺乏承受失败的能力。他们一方面用保守而坚硬的外壳来保持自己本质的脆弱，一方面又忌妒那些成功成名的创业者，或对正在碰壁的冒险者冷嘲热讽。这种矛盾的心理使他们感到无所适从，这就决定了他们的盲目与自卑感。

著名的企业家杰克·本顿曾这样说："苦难是一笔巨大的财富。我从苦难中获得的东西，都是我赢得成功必要的投资。"苦难塑造了强者健康有力的品格，丰富了他们的斗争经验，锻炼了他们非凡的才干，而这些都是获取成功必不可少的因素。所以人们常说：苦难是成功之母！

你读过《时间简史》吗？如果你读过，那你对斯蒂芬·霍金这个名字一定不会陌生。这位已经走过六十多年生命之路的、被誉为继爱因斯坦之后最杰出的科学家，你知道吗？他是一个双手只有 3 个手指能够活动，既不能直立行走，又不能说话的高度残疾人。

在牛津大学上学时，霍金经常无故地摔倒，从牛津毕业，考入剑桥大学读博士后，霍金的病情开始加剧。在医院里，医生除了告诉他得的是一种极其特殊的运动神经细胞病之外，什么也没说。霍金从医生的眼神中得知自己患了一种不治之症，也就不再寻根问底。

疾病使霍金更加成熟，他在学业上更加勤奋钻研。1965 年年仅 23 岁的他进入剑桥大学任研究员，1969 年成为该学院杰出的科学家。

1985 年，霍金不幸染上肺炎，手术后，他完全丧失了说话能力，他依靠电脑专家为他特制的电脑语音合成器，写出了两部书和一批科学论文，其中包括 1988 年出版的畅销书《时间简史》。

见过霍金的人是这样描写他的："干瘪抽搐的霍金无力地蜷曲在轮椅上，头向右歪着靠在椅背上，一张无法合拢的嘴似乎永远在天真地微笑，口水从右边的嘴角流到光洁的下巴上"，但"透过厚厚的近视镜片，霍金的眼睛是那么深邃，令人不由得想起他研究的黑洞、宇宙的起源等深奥的问题"。

霍金从来不忌讳谈自己的疾病，当别人问他怎么看待运动神经细胞病时，他总是回答："我根本不去想它，我尽可能地去过一种正常人的生活，不去想我自己的疾病，也不抱怨这种疾病让我无法去做一些事"。霍金甚至拿自己的疾病开玩笑："我每天上床睡觉的时候开始想黑洞的问题，由于残疾，我的一个简单上床动作要花费很多时间，这给了我充分的时间来想问题。"

霍金现在是英国剑桥大学应用数学和物理系的终身教授，这是伟大的科学家牛顿曾经担任过的职位。今天，霍金仍然在他人生之路上矢志不渝地奋斗着。

美国实业巨子霍华特·约翰逊在回忆录中说："我们感谢上帝！他赐予我们幸运的同时，也用厄运考验我们的意志；因为意志懦弱的人是不配获得真正的幸福的。"

乐享成败

有的人在厄运和不幸面前，不屈服，不后退，不动摇，顽强地同命运抗争，因而在重重困难中冲开一条通向胜利的路，成了征服困难的英雄和掌握自己命运的主人。在生活的不幸面前，有没有坚强刚毅的性格，在某种意义上说，也是区别伟人与庸人的标志之一。

用坚韧书写人生

坚韧勇敢，是伟大人物的特征。没有坚韧品质的人，不敢抓住机会，不敢冒险，一遇困难，便会自动退缩，一获小小成就，便感到满足。魏特利认为，在所有成功的要素中，一个人的性格是否坚韧至关重要。

有人说，坚韧可以克服一切困难。可以想一想，诸事百业，有哪一种可以不经坚韧的努力而获成功呢？

世界上，有无数因坚韧而成功的事实。坚韧可以使柔弱的女子养活她们的全家；使穷苦的孩子努力奋斗，最终找到生活的出路；使一些残疾人，也能够靠着自己的辛劳，养活他们年老体弱的父母。除此之外，如山洞的开凿、桥梁的建筑、铁道的铺设，没有一事不是靠着坚韧而成功的。人类历史上最大的功绩之一——美洲新大陆的发现也要归功于开拓者的坚韧。

秉性坚韧，是成大事立大业者的特征。这些人获得巨大的事业成就，也许没有其他卓越品质的辅助，但肯定具备坚韧的特性。它使从事苦力者不厌恶劳动，使终日劳碌者不觉疲倦，使生活困难者不感到志气沮丧，原因都是由于这些人具有坚韧的品质。

以坚韧为资本而终获成功的年轻人，比以金钱为资本而获得成功的人要多得多。人类历史上成功者的故事都足以说明：坚韧是克服贫穷的最好药方。

已过世的克雷吉夫人说过：“美国人成功的秘诀，就是不怕失败。他们在事业上竭尽全力，毫不顾及失败，即使失败也会卷土重来，并立下比以前更坚韧的决心，努力奋斗直至成功。”

有些人遭到了一次失败，便把它看成拿破仑的滑铁卢，从此失去了勇气，一蹶不振。可是，在刚强坚毅者的眼里，却没有所谓的滑铁卢。那些一心要得胜、立意要成功的人即使失败，也不以一时失败为最后之结局，反而还会继续奋斗，在每次遭到失败后再重新站起，比以前更有决心地向前努力，不达目的决不罢休。

历史上许多伟大的成功者，都是由于坚韧而造就的。发明家在埋头研究的时候，是何等的艰苦，一旦成功，又是何等的愉快。世界上一切伟大事业，都在坚韧勇毅者的掌握之中，当别人开始放弃无法再做时，他们却仍然坚定地去做。真正有着坚强毅力的人，做事时总是埋头苦干，直到成功。

有许多人做事有始无终，在开始做事时充满热忱，但因缺乏坚韧与毅力，不待做完便半途而废。任何事情往往都是开头容易而完成难，所以要估计一个人才能的高下，不能看他手下所做事情的多少，而要看他最终完成的成就有多少。

乐享成败

魏特利告诫人们：坚韧不拔，持之以恒是一切成功者的美德。凡成功者，必是一个意志坚强的人。敢于用坚韧去克服一切难关的人，才是真正的强者。

从失败中站起来

人的成功最致命的敌人，便是碰到困难时心理意志的流失。其实，生活中难免碰到困难，我们只要有战胜它的意志和信心，那么便能战胜它。一般人处于逆境时，或是碰到沮丧的事情之时，或是处于充满凶险的境地时，他们往往会让恐惧、怀疑、失望的思想来捣乱，于是便丧失了自己的意志，以至于使自己多年以来的计划毁于一旦。因此，对于一般人来说，应当注意在逆境中、在困难时有意识地挖掘、培养意志力，只有做到这样，思想上黑暗的影子才会离你而去。

每隔一段时间，总有人从百老汇大排长龙的寻找职业的人群中脱颖而出，然后又风靡百老汇。但是风靡百老汇不是一朝一夕就可以成功的。只有在一个人拒绝就此罢休之后，百老汇才会用金钱回报，认同其天赋才华。

于是我们知道此人已发现征服百老汇的诀窍了，秘诀始终和坚强的意志力脱不了关系。

芬妮·赫斯特的奋斗史里，就有这样一则故事。

芬妮·赫斯特 1915 年来到纽约，她要在这里化写作为财富。然而转化并没有在一夕之间成功，但终究是来临了。有 4 年之久，赫斯特小姐踩遍了纽约人行道，她夜以继日地工作并怀抱梦想。希望变黯淡的时候，她没有说："好吧！百老汇，算你赢了！"她说的是："很好，百老汇，你可能打倒不少人，不过，那可不是我！我会逼你放弃。"

在她能有一篇故事刊登在周六晚邮报之前，该报已退了她 36 次稿。一般作家和其他人都一样，碰到第一次退稿，就会放弃了。但是她踩了

4 年的人行道，因为她决心要赢。

之后，回报来了。魔咒一下子解除了，无形的向导已考验过芬妮，芬妮也通过测试了。从此以后，出版商络绎不绝地踏入她家大门。钞票来得飞快，她几乎来不及数。然后是拍电影的人邀请她写剧本，之后钞票有如洪水泛滥一样排山倒海向她涌来。

你可以由此看出坚强的意志力可以使人办到什么事。芬妮·赫斯特不是例外。任何人若累积了大笔财富，你都可以一口咬定此人必定坚忍不拔。百老汇可以给任何一位乞丐一杯咖啡和一块三明治，但百老汇要求那些想做大赢家的人必须坚忍不拔。

乐享成败

坚强的意志力是战胜困难、摆脱逆境的利刃。打造这把利刃，一定能使自己的人生更加光彩夺目。困难并不可怕，只要我们能有再试一次的勇气；失败并不可怕，只要我们可以凭借坚韧再次书写成功的人生。

失败后的崛起

二十世纪初，在美国伊利诺州的奥克布洛市，一个名叫雷·克洛克的男孩儿，降临在一个普通的城镇家庭里。读到高中二年级时，因为贫穷，他被迫离开了学校。后来，克洛克想在房地产方面有所作为，他开始在佛罗里达推销房地产。生意好不容易打开了局面，不料第二次世界大战烽烟四起，房价急转直下，结果“竹篮打水一场空”，他破产了。回家的路上，他没有大衣，没有外套，甚至连副手套也没有，走在冰冷的大街上，想到一直伴随着自己的低谷、逆境和不幸，他心灰意冷。

走到家门前，望着厚厚的窗帘缝中透出的橘黄色的光，克洛克忽然泪流满面，对于一个男人来说，这一刻，责任是他活下去的唯一理由。

接下来的日子，克洛克依然努力寻找着适合自己的工作。虽然时运不济但他并没有怨天尤人，他深信并非没有时运，而是时候未到，他执著地认为大路是为那些审时度势、自强不息的人铺就的。

半年后，克洛克遇到一个名叫普林斯的人，他发明了一种多轴奶油搅拌机。克洛克认为这种机器里蕴藏着很大商机，于是他立即与对方谈判取得机器的专售权，并辞掉工作致力于该机器的市场推销，一干就是十五年。

1954年，克洛克前往加利福尼亚州的圣伯纳地诺城考察，之所以去那里是因为那里有一个小店一次性订购了八台多轴奶油搅拌机，而在他过去十五年的推销生涯中，从来没遇到过这样大的客户，凭直觉他感到这位客户的买卖一定很兴隆。

果然，到了圣伯纳地诺城，他看到了马克和狄克兄弟开设的一家小汉堡店。室内没有座位，菜单上只有汉堡、饮料、奶油等速食产品，人们可以在不到一分钟内点菜，并得到食物。虽然店内的伙计们忙得不可开交，但顾客仍然排起了长队。那一刻，克洛克看出他的客户经营的餐馆简直就是一座金矿。

克洛克问餐馆的主人马克和狄克兄弟为什么不多开几家分店？狄克笑着指了指不远处山坡上一座白色的建筑说："那是我们世代居住的地方，冬天我们可以躺在房子前面的斜坡上晒太阳，夏天我们可以在屋后的池塘里戏水游玩儿。如果我们开了连锁餐馆，就不得不一次次到陌生的地方去照看我们的生意，那样我们就永远也不会有这样的闲暇时光了。"

听完狄克的话，克洛克马上意识到机会来了。他对狄克兄弟说，如果他们能授权自己在全国各地开分店的话，自己将给他们兄弟提取利润的5%作为回报。面对不劳而获的收益，马克和狄克兄弟马上答应下来。

克洛克开始着手分店的选址工作。1955年4月15日第一家分店在芝加哥开业。随后，增设分店的速度越来越快。1961年，克洛克以270万美元的高价向马克和狄克兄弟买下了包括名号、商标所有权和烹饪处方等各项专利，自己完全拥有了这一品牌。如今，克洛克创下的连锁餐店已经在全世界五大洲的121个国家和地区拥有三万家门市中心，年营业额超过了400亿美元。

对于美国人雷·克洛克的名字，我们知之甚少，但他一手创建的快餐店的名字却无人不知，它就是世界两大快餐航母之一，与肯德基并驾齐驱的另一快餐巨头——麦当劳。

乐享成败

安逸的生活会让我们失去战斗力，消磨掉我们的意志，只有在挫折面前仍然自强不息的人，才能够获得最终的成功。

打不倒的拳手

爱德森15岁了，虽然长得很高大，却一点男子气概都没有。父亲为此十分烦恼，于是把爱德森送到一家拳击俱乐部去接受训练。

拳击教练信心满满地说："两个月后你再来，你将看到你的儿子变成了一个真正的男子汉！不过，我希望在此期间你不要来看他。"父亲同意了。

两个月之后，父亲来到了俱乐部，教练特意安排了一场比赛，让爱德森的父亲看看训练的成果。

“爱德森能赢吗？那个家伙看起来可比我儿子强壮很多啊！”父亲担心地注视着赛场上的儿子。

果然不出所料，没过多久，对手就出拳将爱德森打倒在地。但是，爱德森很快站了起来，精神抖擞地应对强劲的对手。

接下来的比赛简直惨不忍睹。父亲胆战心惊地看着儿子一次次地倒下去。他终于坐不住了，强烈要求教练停止这场无谓的比赛：“没想到两个月的训练，他还是这样不堪一击，哪里有男子汉的气度！”

“不！你的儿子是真正的男子汉！”教练认真地说，“你没有注意到吗？他被击倒了10次，但是他站起来的次数是11次！你看，他现在还在与对手周旋。你儿子的勇气和坚持不倒的态度超过了这里所有的学员。难道你觉得这样还不够男子汉吗？”

父亲听到这里，眼里闪烁着激动的泪花，透过泪光他看到了儿子又一次倒地，又坚持爬起来，寻找和等待还击的机会。

乐享成败

一个拳手在遭遇强劲对手的猛烈重击时，倒下去比坚持下去更轻松，因为那是一种解脱。但是，只有不倒下，坚持下去，才有获得胜利的可能。而胜利往往来自于“再坚持一下”的努力。只要坚持，即使失败也是胜利。

面对百分百的拒绝

在美国，有一位穷困潦倒的年轻人，在把身上全部的钱加起来都不够买一件像样的西服时，仍全心全意地坚持着自己心中的梦想，他想做演员，拍电影，当明星。当时，好莱坞共有五百家电影公司，他逐一试过，并且不止一遍。后来，他又根据自己认真划定的路线与排列好的名单顺序，带着自己写好的量身订做的剧本前去拜访。但第一遍下来，五百家电影公司没有一家愿意聘用他。

面对百分之百的拒绝，这位年轻人没有灰心，从最后一家被拒绝的电影公司出来之后，他又从第一家开始，继续他的第二轮拜访与自我推荐。

在第二轮的拜访中，五百家电影公司依然拒绝了他。

第三轮的拜访结果仍与第二轮相同。这位年轻人咬牙开始他的第四轮拜访，当拜访完第 349 家后，第 350 家电影公司的老板破天荒地答应愿意让他留下剧本先看一看。

几天后，年轻人获得通知，请他前去详细商谈。

就在这次商谈中，这家公司决定投资开拍这部电影，并请这位年轻人担任自己所写剧本中的男主角。

这部电影名叫《洛奇》。

这位年轻人的名字就叫席维斯·史泰龙。现在翻开电影史，这部叫《洛奇》的电影与这个日后红遍全世界的巨星皆榜上有名。

乐享成败

失败乃成功之母，这句话说得一点都没错，每一次失败有心人就能把它记下来，这样积累下来是一笔多么大的财富啊，当失败到一定阶段时，成功就唾手可得了。

挫折阶梯

一个年轻人向上帝抱怨说："我是个孤儿，辛辛苦苦打工，做个小买卖，却被人骗光了钱。接着我又生了场大病，现在还欠好多贷款。我真没有活下去的勇气了。"

上帝说："你跟我走一遍'挫折阶梯'吧，到时候你一定会有勇气的。"

上帝带着年轻人踏上"挫折阶梯"的第一个台阶，两边是深不见底的悬崖。年轻人问："有很多人走过这'挫折阶梯'吗？"上帝回答："多得你想象不到，有一个人给我的印象最为深刻，你每上一层台阶，就能看到他的一次经历。"

年轻人低下头，台阶上显出一行大字："一家人失去了房子，他必须工作来抚养他们。""起码他们一家人还在一起。"年轻人心想着，迈上第二层台阶，上面写着："母亲去世。"年轻人继续往上爬，接下来的台阶分别写着："经商失败；竞选州议员但落选了；丢了工作，想就读法学院，但进不去；向朋友借钱经商，但年底就破产了，接下来他花了十六年，才把债还清。""嗨，这个人跟我差不多悲惨，后来呢？"年轻人急不可待地往上走。"未婚妻病死；精神完全崩溃，卧病在床六个月；争取成为州议员的发言人，失败；争取成为选举人，失败；参加国会大选，落选；寻求国会议员连任，失败；竞选美国参议员，落选；争取副总统的提名，得票不到一百张。”

年轻人看到这里，惊讶地问：“他，他真的经历了这些吗？我跟他比起来，好像不算什么了。那后来他怎么样了？”

上帝说：“很多人走到‘挫折阶梯’的半路上就坚持不住，跳下了这个深渊。但他却坚持着又迈上了一个台阶，你自己去看看吧。”

年轻人走上去，上面写着：“1860 年，林肯当选美国总统。”

这时，上帝走到他身边说：“每一个台阶都是你经历过的挫折，只要你能把挫折当做垫脚石，坚强地继续前进，那么‘挫折阶梯’就成了‘成功阶梯’。”

乐享成败

一年中有春夏秋冬，一生中有起伏得失，这些都是再正常不过的事情。但对大多数人而言，人生的挫折期就如同漫漫寒冬一样，是最难熬的时候。意志薄弱的人，往往会在此刻选择放弃。其实，最冷的时候往往就是冬天的尾声，春天马上就会到来；最失意的时候，多半是人生的低谷，只要抬脚往前走，就会走上高处。

征服“困难山”

森林里住着三只狮子。一天其他动物选出的代表——猴子召集大家开会。它说：“我们大家都知道狮子是百兽之王。可是咱们森林里有三只狮子，而且个个都很强大。我们应该向哪一个俯首称臣，它们中的谁会成为我们的国王呢？”

三只狮子得知这次会议的内容，便聚到一起商议怎么办。它们觉得，为了当王而彼此争斗不可取。但如何决定谁做森林之王，它们也没好办法。

后来，动物们经过一番热烈的讨论，终于商量出一个办法。它们对三只狮子说："你们一起去爬'困难山'，谁第一个到达顶峰，谁就是我们堂堂正正的'森林之王'。"

"困难山"是森林里最高的一座山。三只狮子接受了这个挑战，决定去一试高低。其他动物也兴致勃勃地一起去观看。

第一只狮子试着爬，但没能爬上顶峰。

第二只狮子也尽力爬，但结果还是失败了。

第三只狮子用尽全力，但也没能成功登到顶峰。

动物们骚动不安，三只狮子都爬不到顶峰，那怎么选国王呢？

这时一只年龄最长最聪明的老鹰说话了："我知道谁能成为国王！"

大家顿时安静下来，惊奇地看着它，问道："是谁？"

"这很简单，"老鹰回答，"在它们爬山时我就在离它们很近的地方飞。我听到了它们从'困难山'上爬下来时对山说的话。第一只狮子说：'山，我输了。'第二只狮子说：'山，我赢不了。'而第三只狮子说：'山，我现在是输给了你。可是你已成形，不会再长，而我还在成长。'"老鹰补充说："可见，第三只狮子在那时虽感觉失败却拥有胜利者的心态。它不气馁，不放弃，看得到自己的优势。有它这样的态度，再大的困难也会变得渺小。它是它自己的国王，它也将是我们大家的国王。"

听到这里，动物们激动地鼓起掌来。第三只狮子当选"森林之王"。

所以，不管你遇到的困难有多大，都不要气馁。因为你还在不断成长，不断成熟，不断强大，而"困难之山"相对不变。

乐享成败

在挑战高峰的时候，登山运动员们会用许多的辅助工具，协助完成登山的任务。在挑战任何困难和挫折的时候，不灰心、不气馁、不放弃，有坚持、有毅力、有信心就是我们的“登山辅助工具”。让我们都用王者的霸气将“困难之山”征服在自己的脚下！

敢于在逆境中崛起

逆境对强者而言，并不是坏事，它反而是成功必不可少的条件，因为逆境的熔炉能够让你脱胎换骨，成就全新的自我。乐观是一种在逆境中崛起的动力。有人曾问一位著名的艺术家，师从他习画的那个青年爱徒将来会不会成为一个大画家？他回答说：“不，永远不！因为他每年都有不菲的进款。”这位艺术家知道，人的才艺只从艰苦奋斗中锻炼出来，而在优越的环境中，很难有这种精神。

翻开历史，可以知道，大多数成功的人，在早年往往是贫苦的孩子。

“不幸而生为富家之子的人，他们的不幸，是他们从开始就背负着包袱赛跑。”卡耐基说，“大多数的富家之子，总是不能抵抗财富所加于他们的试探，因之而陷入于不幸的生命中。这一类人不是那些穷苦孩子的对手；对于这些小老板，你们‘穷苦的孩子’毋须害怕。但你们应当注意那些比你们还苦得多，甚至他们的父母不能给予他们任何学校教育的孩子，一旦他们在事业上挑战你们，就有可能最终超越你们。应该注意着那些走出小学就得投身工作，而所做的又只是拖擦地板之类的工作的孩子，一鸣惊人而得到最后胜利的，往往都是这类人。”

为了脱离贫困的境地而奋斗，这种努力，最能造就人才。假使世人

都是一生之中不为需要而强迫着去做工，人类文明恐怕直到现在仍处在很幼稚的阶段。

成功的人，大多是从困乏与需要的学校中训练出来的。大商人、大学校长、教授、发明家、科学家、实业家、政治家，大多是被需要之鞭棍所驱策而向前，被想要改善自己的地位的愿望而引导向上。

能力是抗拒困难的结果，伟人都是从同困难的角逐中产生出来的。不与艰难挫折拼搏而要想锻炼出能耐来，是不可能的。

爱马森说：“伟大、高贵人物最明显的标志，就是他坚韧的意志，不管环境如何恶劣，他的初衷与希望不会有丝毫的改变，并将最终克服阻力达到所企望的目的。”

跌倒以后，立刻站立起来，向失败夺取胜利，这是自古以来伟大人物的成功秘诀。

有人问一小孩子，怎样才能学会溜冰。小孩回答：“每次跌倒之后，立刻爬起来！”促使个人成功或军队胜利的，实际上也是这种精神。跌倒算不得失败，跌倒后不站起来才是失败。

过去的生命对于你，也许是页页创痛深刻的伤心史！在检阅过去的一切时，你会觉得你处处失败，碌碌无为！你热烈地期待着成功的事业竟不曾成功；你所亲爱的亲戚朋友，甚至会离弃你！你会失掉职位，甚至会因不能维持生计而失掉你的家庭！你的前途，似乎是十分惨淡和黑暗！然而，虽有上述各种不幸，只要你不甘心永远屈服，胜利就会向你招手并等待你的到来。

要善于检验你人格的伟大力量：你应该常常扪心自问，在除了生命一切都已丧失以后，在你的生命中还剩余些什么？即在遭受失败以后，你还有多少勇气？假使你在失败之后，从此振作不起，放手不干而自甘永久屈服，则别人可以断定，你根本算不上什么人物；但假如你能雄心不减、进步向前、不失望、不放弃，则别人可以知道，你的人格之高、勇气之大是可以超过你的损失、灾祸与失败的。

或许你要说，已经失败很多次了，所以再试也是徒劳无益；你已经跌倒的次数过多了，再站立起来也是无用。对于意志永不屈服的人，绝没有什么失败！不管失败的次数怎样多，时间怎样晚，胜利仍然是可期待的。

狄更斯小说中所描写的守财奴司克拉在他的暮年，忽然能从一个残忍、冷酷、爱财如命，整个灵魂幽禁在黄金堆中的人，一变而成为一个宽宏大量、诚恳爱人的人，这并不是狄更斯脑海中的凭空虚构，世界上真的有这种事情。

人的本性，可以由恶劣转变而为善良；人的事业，又怎么不会由失败转变为成功？

一般的人在暴风雨猛烈的袭击中会变得束手无策，而成功者却依然能够自信自立。

什么是失败？菲力说，不是别的，失败只是走上较高地位的第一台阶。许多人之所以成功，就是受赐于先前的屡屡失败。假使他没有遭遇过失败，反而不能得到大胜利。对于有骨气、有作为的人，失败反而足以增加他的决心和勇气。

乐享成败

对于那自信其能力，而不介意暂时成败的人，没有所谓失败！对于怀着百折不挠的意志、坚定目标的人，没有所谓失败！对于别人放手而他仍然坚持，别人后退而他仍然前进的人，没有所谓失败！对于每次跌倒后立刻站起来，每次坠地反会像皮球一样跳得更高的人，没有所谓失败！

第五章

努力多一些，成功多一些

努力不一定会成功，但成功却永远需要努力。有些人的成就，是你的十倍、百倍、千倍、万倍，但是他的能力却不一定是你的十倍、百倍、千倍、万倍；不是他比你聪明，而是他笨笨地去做一些你所不愿去做的事。因为他知道：努力不一定会成功，但成功却永远需要努力！

没伞的孩子，必须努力奔跑

他 21 岁那年从外地来到北京拜师学艺，却四处碰壁。不久，他和几个朋友成立了一个小的俱乐部，靠在街头卖艺混口饭吃。那时，他住在北京的郊区，从住处到市中心足足有一个多小时的车程。为了省钱，他连公交车也舍不得坐，每天都骑着自行车来回奔波穿梭，每天的行程都需要花费四五个小时。尽管如此，他却从来没耽误一次学艺或是演出。

每当夜幕降临的时候，别人都早早回到温暖的家，而他仍旧站在空荡荡的舞台上反复练习新学的段子，直到练得嗓子有些嘶哑，舌头不住地打颤才停下来。朋友们看不下去了，私底下劝他，不就是为了混口饭吃吗，至于这么拼命吗？真把自己累垮了，那不是更亏了！

朋友们的心意他领了，但他仍旧拼命地记录、背诵、练习各种各样的传统段子。大家都摇着脑袋说，这小子疯了，见过拼命的，可从来没见过这样不要命的。整整一年，他没看过一场电影，没逛过一次街，甚至没好好睡上一觉儿。当别人花前月下、推杯换盏的时候，他默默地挥洒着汗水，紧咬牙关努力坚持着。付出的汗水终于获得了应有的回报，在短短的一年里，他竟然能将 600 多个传统段子收放自如地表演出来，在朋友圈里小有名气。

可命运似乎总爱和努力的人开玩笑，失败一次次降临，成功成了遥不可及的目标。默默耕耘、无人问津的日子过得异常苦闷。有一次，他仍像平时一样练习到深夜才骑着自行车回家。可刚骑出没多远，就突然发现自行车的链子断了。午夜的街道上，无法修车，公交车也已经停运，而他也没钱打车。第二天下午还有一场重要的演出，他脚一跺，牙一咬，把自行车扔在路边，硬着头皮向郊外的出租屋走去。

正值秋雨绵绵的季节，天色微微发亮时他才浑身上下湿漉漉地回到住处。头晕目眩的他一头栽倒在床上，发起了高烧，他心里清楚，这样下去非出事不可。于是，勉强支撑起身体，翻箱倒柜地找出一个破传呼机，拿到街上卖了十多块钱，买了两个馒头和几包感冒药，硬是挺了过去。

当他下午面色蜡黄地赶到演出地点时，他的搭档吓了一跳，连忙问他出了什么事。他笑着说了昨晚的遭遇。看着他憔悴的面庞，搭档的眼泪在眼眶里直打转。搭档在他肩上轻轻拍了拍，什么也没说，搀扶着他走上了前台。

一无所有的他硬是靠着这股倔劲在竞争激烈的北京站稳了脚跟。几年之后，在一次比赛里，他的自信从容、诙谐幽默引起了著名相声演员侯耀文的注意，侯耀文通过别人婉转地表达了自己想收他为徒的意思。听到这个消息时，他让搭档于谦打自己两下。于谦扇了他两耳光，他的眼泪忽地落了下来，两个大男人紧紧抱在一起，孩子一样放声大哭。

几年以后，他——郭德纲已经红透了大江南北。有记者把他当年的这些故事挖掘出来，问他为什么能坚持到现在。他微笑着回答："我小的时候家里穷，那时候学校一下雨，别的孩子就站在教室里等伞。可我知道我家没伞啊，所以我就顶着雨往家跑。没伞的孩子你就得拼命奔跑！像我们这样没背景、没家境、没关系、没金钱的，一无所有的人，你还不拼命工作，拼命奔跑，那活着还有什么意思？"说这话时，他面前的记者眼圈儿都红了。

的确，人生的路上，每一个人都有自己的生活方式。如果你有伞，那么你当然可以在生活的风雨中悠然前行；如果你连伞都没有，那么你就必须发动每一个细胞，集中全部精力，努力奔跑，直到你见到人生的彩虹为止。

没伞的孩子，就必须努力奔跑！

乐享成败

人生，对我们每个人来说，都不是坐吃山空的过程，而应是一部奋斗史。有伞的孩子如此，没伞的孩子更应如此。没伞的孩子，必须努力奔跑，这意味着我们必须付出比别人更多的汗水和努力，意味着我们在遇到挫折时更要鼓起勇气迎难而上，只有这样，我们的人生才会有希望，才能收获成功。

终于赢了上帝

一位电台主持人在自己的职业生涯中遭遇了 18 次辞退，她的主持风格被人贬得一文不值。

最早的时候，她想到美国大陆无线电台工作。但是，电台负责人拒绝了她。

她来到了波多黎各，希望自己能有个好运气。但是她不懂西班牙语，为了熟练掌握和运用这门语言，她花了 3 年的时间。在波多黎各的日子里，她最重要的一次采访是受一家通讯社委托，到多米尼加共和国去采访暴乱，然而差旅费还得她自己出。

在以后的几年里，她不停地工作，不停地被人辞退，有些电台指责她，说她根本不懂什么叫主持。

1981 年，她来到了纽约的一家电台，但是很快被告知，她跟不上这个时代。为此，她失业一年多，但她始终不曾放弃做一名出色主持人的梦想。

有一次，她向一位国家广播公司的人员推销她的清谈节目策划，得到了他的首肯。但是，那个人后来离开了广播公司。她又向另一位游说她的策划。此人虽然同意了，但他却不同意搞清谈节目，而让她搞一个政治节目。

她对政治一窍不通，但是她不想失去这份工作。她开始“恶补”政治知识，决定尝试一番。

1982 年夏天，她主持的以政治内容为主题的节目开播了。她凭着娴熟的主持技巧和平易近人的风格，吸引了不少听众，并且，她鼓励听众打进电话自由讨论国家的政治活动，包括总统大选。

这在美国的电台史上是没有先例的。

她几乎在一夜之间成名，她的节目成为全美最受欢迎的政治节目。

她叫莎莉·拉斐尔，现在的身份是美国一家自办电视台节目主持人，曾经两度获全美主持人大奖。每天有 800 万观众收看她主持的节目。

在美国的传媒界，她就像一座金矿，无论她到哪家电视台、电台，都会带来巨额的回报。

莎莉·拉斐尔说：“我平均每一年半就被人辞退一次，有时，我认为这辈子完了。但我相信，上帝只掌握了我的一半，我越努力，我手中掌握的另一半就会越庞大，有一天，我终于赢了上帝！”

乐享成败

命运不是谁的恩赐，而是由我们自己把握。在别人怀疑的目光中找到自信的火种；在失望环绕的日子里寻找希望的绿色；在深陷阴影的时候抬头争取光明；在喧哗浮躁中更要找到属于自己的宁静。把握自己，永不妥协，坚持就一定会胜利。

做一颗豆子

犹太人说，这世界上卖豆子的人应该是最快乐的，因为他们永远不必担心豆子卖不出去。卖豆人在豆子卖不出去时，可以拿回家，磨成豆浆，向行人兜售；如果豆浆卖不成功，可以制成豆腐；豆腐卖不成功，变硬了，姑且当做豆腐干来卖。而豆腐干也卖不出去的话，那么就把豆腐干腌起来，变成腐乳。

第二种选择是，如果卖豆人把卖不出去的豆子拿回家，加入水让它发芽，那么更是妙极了。几天后，卖豆人可以改卖豆芽，豆芽如果卖不动，那么干脆让它长大些，卖豆苗。如果豆苗卖不动，就再让它长大些，移植到花盆里，当做盆景来卖。如果盆景卖不出去，那么就再次移植到泥土里，让它生长，几个月后，就会结出许多新豆子。你想想一颗豆子现在变成了上百颗豆子，那是多么划算的一件事。

犹太人的这个故事并不是教育人们怎么做豆子生意，而是告诉大家，人生在世，不如意之事十有八九，有些人的际遇如同那位卖豆人手中的豆子，什么奇迹都有可能发生。

一颗豆子在遭遇冷落的时候，都有无数种精彩选择，更何况人呢。我们在遭遇不顺时，至少应该比一颗豆子更坚强吧。

乐享成败

当我们遭遇生活的困境和挫折时，不要总是着眼于结果的不如意，转换一下思维，以乐观的心态和变化的眼光看待，希望和幸福的种子就会凭借它顽强的生命力破土而出，所有的不如意也就都迎刃而解了。只要你愿意，只要你努力，成功的机会就会来临。

谦卑的推销员

一个推销员来到一家超市推销他们公司的香皂。超市老板正忙着指挥职员们上货，于是便不耐烦地挥挥手说道："没看见我正忙着吗？再说我这里货很多，以后再说吧！"

推销员仍然不死心，继续鼓动着如簧之舌，打算说服那个老板。

那老板显然是被惹火了，破口大骂道："还有完没完？刚才是给你面子，不想让你难堪，可你这个家伙却不知好歹！赶紧带着你的东西立刻滚蛋！"

这个推销员一边收拾自己的箱子，一边心平气和地对老板说："十分抱歉，我刚做业务不久，不懂的地方很多，希望您不吝赐教……对啦！要是我想把这种香皂向其他地方推销的话，我该怎么说呢？"

老板的态度有所好转，见其诚恳，便对他演示了一番。只见老板把这香皂的好处说了一大串，推销员由衷地赞道："没想到您对我们公司的产品这么了解，所说的话也这么有说服力……"推销员的话让老板很满足，最后，超市老板竟定下了大批香皂。

后来，这个推销员成了一个企业家。

乐享成败

如果没有他的坚持，何来后来的企业家。为理想而执著努力的人，我们看到的只能是成功。如果遇到挫折就想放弃，那么注定与成功无缘。

为笨拙喝彩

我的电脑坏了，程序陷于瘫痪。一位精通电脑的朋友告诉我，只能将硬盘全部格式化，然后重装系统。由于我的电脑里保存着几份重要的文件，我不敢轻易格式化，就又找来几位电脑高手，经过“专家会诊”，都说我的电脑已经“病入膏肓”，无力回天了。

一日，去一家家电维修门市买电池，无意中和店主聊起电脑的话题。店主是位年近40的汉子，穿着朴实，为人憨厚。或许因为存在“有病乱投医”的心理，我向店主诉说了电脑的毛病，店主想了想说：“如果你不介意，我帮你看看吧。”我想，干脆让他试一下，“死马当活马医”吧。

店主跟我到家，他打开电脑，输入一串英文字母，回车，再输入一串字母，再回车，如此三番，只听得电脑的硬盘“哧哧”作响。不到5分钟的时间，店主说了声“好了”。我一试，果然顺利进入系统，所有的文件依然如故。困扰数位“电脑高手”的毛病，如此轻而易举地解决了。我不禁问，电脑究竟是哪里出了问题？店主却说：“我不知道。”我想店主是想“留一手”，可以理解。于是提出要付给他修理费，店主却执意不收。

也许是看透了我的心思，店主坐了下来，他说：“你别介意，我真的不知道电脑是什么毛病，因为我不懂英文，我只上过小学，没读过初中。”我更纳闷了，明明看见他刚才输入了一串字母，怎么说不懂呢？

后来我才得知了店主的经历：20 年前，店主还是一个农民，为了摆脱贫困，他毅然走出农村来到城市。在经历了几次失败之后，他意识到没有一技之长很难立足，于是他开始自学家电维修技术。他知道自己文化程度不高，面对密如蛛网的电路图，他采用的是十分笨拙的办法——死记硬背。别人一天能够掌握的东西，他宁肯花上一个星期甚至更多的时间，把它们背下来，然后再去实践。几年中，他硬是背下了上百张的线路图，做了十多本笔记，工作也越来越得心应手、游刃有余。这些年，他又学起了电脑，用的是同一个方法——死记硬背，他不懂得英文的意思，也不大懂程序的来龙去脉，但他懂得输入哪些字母，就能解决哪些问题。如今，店主不仅经营家电维修部，同时还代理几家品牌电脑的销售以及售后服务工作，生意十分红火。

店主的故事，让我为之一震，更让我感动的则是店主那看似笨拙的学习方法。我们姑且不说这种方法效率的高低，以及是否可取，单是这种精神就值得我们喝彩。他明白自己基础十分薄弱，但他选择的不是放弃，而是用后天的努力弥补先天的不足，靠着笨拙的死记硬背，靠着坚强的毅力和韧性，他克服了一个又一个困难，终于站在了一个崭新的起点上。我们还有什么理由，嘲笑别人的笨拙呢？

有时候，笨拙是一份清醒，也是一种力量，它厚积薄发，它无坚不摧。对于许许多多的成功者而言，笨拙恰恰是他们取胜的法宝，“笨鸟先飞”“勤能补拙”就是他们成功的信条。

乐享成败

拥有扎实的基础和聪明的头脑，固然令人羡慕，因为他们会离成功更近一点。但是，薄弱的根基一样可以通过努力和积累慢慢强壮起来，只要不放弃成功的梦想，不去管别人如何评价，坚定信念，勤奋拼搏，总有一天会收获成功的果实。

不要省略了泥土

林业大学园艺学专业毕业的陈凯，在一位朋友的父亲的“特别关照”下，扔掉了专业，进了省教育厅招生办，做了一名小有实权的科员。他在那个位置上顺顺当当地干了4年，没大业绩，也没大过失，很逍遥地打发着岁月。然而，在一个春天的某个清晨，他被突然告知因机构精简，他下岗了。

尽管他有一点儿心理准备，但事情真的降临到自己头上，他还是有些慌乱。此时，他找不到更强硬的社会关系庇护自己了，早已习惯了在机关清闲地混日子的他，不知到哪里再找一份更好的工作，在拥挤的人才市场转了一大圈后，对于自己的未来他感到一片黯然。

几番求职无着，他神情沮丧地带着难以掩饰的失意，回到了老家——北方一个偏远的林区小镇。

清晨，坐在自家小院子里，他跟在木材加工厂干了一辈子的父亲慨叹：都怪自己没有社会背景，又拿不出太多的钱送礼……言外之意不是自己无能，而是没有某些世俗的“求职硬件”。

父亲摇头：“当初你考大学，不是凭着自己的本事上去的吗?”

他争辩：“那确实是平等竞争，可现在……”他列举了自己当初进教育厅的实例，告诉父亲——有很多时候，文凭、才学是抵不过关系、金钱的，他若是还有过去的老关系，他不仅不会下岗，还可能得到提升呢。

听到误入迷途的儿子似乎很有道理的狡辩之词，父亲一脸严肃道：“靠关系那算什么能耐？人活一世，关键是找到自己的位置。”说完，父亲不容分说地拉着他走出家门。

父子二人沿着坑坑洼洼的街道慢慢地朝前走着。忽然，父亲站定，用手指着一座旧房檐上的几棵青翠的榆树，问他："看到了吗？它们把根扎到了水泥缝里，长得也很精神，也许你要赞叹它们生命力顽强，但它们能长多久呢？"

没等他回答，父亲的手又指向不远处一棵明显要高大许多、但已完全枯萎的榆树："你再看看这一棵，它也曾让很多人啧啧赞叹过，可现在已彻底地死掉了，因为它省略了泥土，屋檐上根本不是它扎根的地方，这注定了它只能青翠一时，风光一时。"

父亲扔下正发怔的他，转身走了。

望着父亲阳光中挺直的背影，默默地咀嚼着父亲那掷地有声的话语，他的目光再次投向屋檐上那棵枯萎的榆树。蓦然，他的心中涌过一缕清爽的风，他豁然醒悟：父亲平淡的话语中透着深刻的哲理——即使生命力再顽强的一粒种子，也不能省略了泥土，只有把生命的根扎得更深、更牢，才能汲取更多的营养，才能长成长久葱郁的参天大树……

于是，他扔掉了所有的烦恼，在一番仔细的思索和考察后，充分发挥自己的专业特长，他选择了极有市场前景的盆花栽培，并很快赢得了很大的成功。随着城镇美化速度的日趋加快，他的事业越做越大，拥有了跨省的大公司，有了二十多个大型花卉培育基地，优质产品漂洋过海，畅销于欧美市场……

如今已是身价过千万元的他，在一次高校毕业生报告会上，以自己的切身经历，告诉那些初涉人生的学子们——一定要找准自己的方向和自己的位置，一定要把生命之根扎到厚实的泥土中，省略了泥土，可能会生存一时，但绝不会让生命之树常青……

乐享成败

天赋过人的人如果没有毅力和恒心做基础，他只会成为转瞬即逝的火花。那些认定目标，且坚持不懈的人往往是最成功的。

好运气缘何降临7次

经济萧条时期，钱很难赚。一位孝顺的小男孩，实在看不下去父母起早贪黑地工作却无法维持全家的温饱，所以偷偷溜到大街上想找个工作。他的运气还算不错，真的有一家商铺想招一个小店员。小男孩就跑去试。结果，跟他一样，共有7个小男孩都想在这里碰碰运气。店主说："你们都非常棒，但遗憾的是我只能要你们其中的一个。我们不如来个小小的比赛，谁最终胜出了，谁就留下来。"

这样的方式不但公平，而且有趣，小家伙们当然都同意。店主接着说："我在这里立一根细钢管，在距钢管2米的地方画一条线，你们都站在线外面，然后用小玻璃球投掷钢管，每人10次机会，谁掷准的次数多，谁就胜了。"

结果天黑前谁也没有掷准一次，店主只好决定明天继续比赛。

第二天，只来了3个小男孩。店主说："恭喜你们，你们已经成功地淘汰了4个竞争对手。现在比赛将在你们3个人中间进行，规则不变，祝你们好运。"

前两个小男孩很快掷完了，其中一个还掷准了一次钢管。

轮到这位有孝心的小男孩了。他不慌不忙走到线跟前，瞅准立在1米外的钢管，将玻璃球一颗一颗地投掷出去，他一共掷准了7次。

店主和另两个小男孩十分惊诧：这种几乎完全靠运气的游戏，好运气为什么会一连在他头上降临7次？

店主说："恭喜你，小伙子，最后的胜者当然是你，可是你能告诉我，你胜出的诀窍是什么吗？"

小男孩眨了眨眼睛说："本来这比赛是完全靠运气的，不是吗？但为了赢得这运气，昨天我一晚上没睡觉，都在练习投掷。"

乐享成败

命运女神不会垂青空想家，更不会怜悯失败者，她将成功的种子根植在每个人心中，让人发掘它，并坚持不懈地用奋斗去浇灌它，直至结出累累硕果，她才让幸福与快乐降临到人身边。

比别人多做一点

在工作或生活中，我们总是渴望成功。可是，在竞争激烈的今天，别人不比我们傻，我们也未必比别人聪明，那么我们凭什么会成功？答案是：多做一点。

一个成功的推销员用一句话总结了他的经验："你要想比别人优秀，就必须坚持每天比别人多访问 5 个客户。""比别人多做一点"，这是事业成功者之所以成功的秘诀。

"比别人多做一点"是无数卓越人士和组织极力秉承的理念和价值观，被许多著名企业奉为信条。"比别人多做一点"是指，在工作中要比别人"看得更远一点、做得更多一点、动力更足一点、速度更快一点、坚持的时间更久一点"。它体现的是一种勤奋、主动的精神，一种坚忍不拔、永不放弃的意志，一种行动迅速、做事准确的能力。在现代社会中，我们需要的正是这种人：他们不仅能很好地完成分内的事，还会想尽办法比别人多做一点。

我们都是世间的凡夫俗子，只要耐心播种“一方桃李”，必会收获“满园春色”，但关键在于你是否“比别人多做了一点”。

当亨利·瑞蒙德在美国《论坛报》做责任编辑时，刚开始他一星期只能挣到可怜的6美元，但他仍然每天平均工作13至14个小时。他曾在自己的日记中这样写道：“为了收获成功的机会，我必须比其他人更扎实地工作。”，“当我的伙伴们在剧院时，我必须在房间里；当他们在熟睡时，我必须在学习。”后来，他成了美国《时代周刊》的总编。

美国著名出版商乔治·齐兹12岁时，便到费城一家书店当营业员。他工作勤奋，而且常常积极主动地做一些分外事。他说：“我并不仅仅只做我分内的工作，而是努力去做我力所能及的一切工作，并且是一心一意地去做。我想让老板承认，我是一个比他想象中更加有用的人。”

有时，在工作中我们不必比别人多做许多，只需要多做一点点就已足够，就会让旁人刮目相看。当你多做了一点小事时，从乏味的工作中你会体会到一种愉悦，这种快乐不是任何辞藻所能形容的，它只属于你自己。你大可不必在乎那些只知道站在高高的枝头上翘着尾巴的“评论家”说些什么，你只需坦诚地展现自己的能力与才华。卓越者之所以卓越，正是因为他们除了做好本职工作以外，还要做一些不同寻常的事情来培养自己的能力。假如我们能保持“每天多做一点”的工作态度，定能使你从工作中脱颖而出。那么，你的老板、领导绝对不会把那些积极进取的人拒之门外。

卡洛·道尼斯先生最初为杜兰特工作时，职务很低，后来却成为杜兰特先生的左膀右臂，担任其下属一家公司的总裁。他之所以能如此快速地升迁，秘密就在于“每天多做一点”。

他平静而简短地道出了其中的缘由：“在为杜兰特先生工作之初，我就注意到，每天下班后，所有的人都回家了，杜兰特先生仍然会留在办公室里继续工作到很晚。因此，我决定下班后也留在办公室里。是的，的确没有人要求我这样做，但我认为自己应该留下来，在需要时为杜兰特先生提供一些帮助。”

“在工作时，杜兰特先生经常找文件、打印材料，最初这些工作都是他自己亲自来做。很快，他就发现我随时在等待他的召唤，并且逐渐养成招呼我的习惯……”

杜兰特先生为什么会养成召唤道尼斯的习惯呢？因为道尼斯主动留在办公室，使杜兰特先生可以随时看到他，并且诚心诚意为杜兰特服务。这样做获得了报酬吗？没有。但是，他获得了更多的机会，最终获得了提升。

对艾伦一生影响深远的一次职务提升是由一件小事情引起的。

一个星期六的下午，一位律师走进来问他，哪儿能找到一位速记员来帮忙，因为他的手头有些工作必须当天完成。艾伦告诉他，公司的所有速记员都去观看球赛了，如果他晚来 5 分钟，自己也会走。但艾伦同时表示自己愿意留下来帮助他，因为“球赛随时都可以看，但是工作必须在当天完成”。

做完工作后，律师问艾伦应该付他多少钱。艾伦开玩笑地回答：“哦，既然是你的工作，大约 1000 美元吧。如果是别人的工作，我是不会收取任何费用的。”律师笑了笑，向艾伦表示谢意。

艾伦的回答不过是一个玩笑，并没有真正想得到 1000 美元。但出乎艾伦意料的是，那位律师竟然真的这样做了。6 个月之后，在艾伦已将此事忘到了九霄云外时，律师却找到了艾伦，交给他 1000 美元，并且邀请艾伦到他的公司工作，薪水比现在高出 1000 多美元。

艾伦放弃了自己喜欢的球赛，多做了一点事情，最初的动机不过是出于乐于助人的愿望。艾伦并没有义务放弃自己的休息去帮助他人，但他的这种放弃不仅为自己增加了 1000 美元的现金收入，而且为自己带来了一项比以前更重要、收入更高的职务。

因此，我们不应该抱有“我必须为老板做什么”的想法，而应该多想想“我能为老板做些什么”。一般人认为，忠实可靠、尽职尽责完成分配的任务就可以了，但这还远远不够，尤其是对于那些刚刚踏入社会的年轻人来说更是如此。要想取得成功，必须做得更多更好。

付出多少，得到多少，这是一个众所周知的因果法则。也许你的投入无法立刻得到相应的回报，但不要气馁，而是要继续一如既往地多付出一点。这样，回报可能就会在不经意间，以出人意料的方式出现。

如果我们能在平时的学习和工作中比别人多做一点，我们就会离成功更近一点。

“比别人多做一点”有时是一种勇气，是一种智慧，也是走向成功的一条准则。多做一点，我们就离卓越更近一点。人生没有可供你驻足的港口，自我本身永远是一个出发点。无论何时何地，只要创造就会有收获。也许你的投入无法立刻得到相应的回报，请不要气馁，我们应该一如既往地“比别人多做一点”。这样，回报可能会在不经意间如约而至。

乐享成败

只要树立自强不息的进取精神，就能证明生命的存在；只要我们在平凡的岗位上坚持“每天多做一点”，你就将置身于“柳暗花明又一村”的境界。

两个挖井人

有一年，村子里发生了一场大旱灾。丁力和王强奉村长之命，去村外寻找水源。

当他们看到一棵郁郁葱葱的老槐树时，高兴地说：“这树长得这么好，周围肯定有水，就在这挖口井吧。”

于是，两人各自选好了地方，把袖子一挽，拿起锄头和铁锹就开始挖起来。

两个小时过去了，两个人都挖了两米深，但土还是干干的，根本没有井水的影子。

丁力心想："可能选错地方了吧？怎么还没有水呢？不行，我得换个地方！"于是，他在旁边20米远的地方重新挖起来。

王强心想："这么干旱的天气，挖两米怎么会出水呢？我还是再挖会儿看看"

又三个小时过去了，丁力看着手上的水泡，抱怨说："看我的手都磨出泡来了，还没见到水，我再换个地方挖！"

王强的手也磨出了水泡，但他用一块布条缠住手，又继续埋头吃力地挖起来。

又四个小时过去了，还是没看到井水的影子。丁力气得把铁锹一扔，不耐烦地说："我都挖了三个地方，除了我的汗水，没见着一滴水！这一带肯定没有水！你停下来吧！别浪费精力了！"

王强没有吭声，在九米深的枯井下继续一锹一锹地挖，虽然他早就感到疲惫不堪，但每次都鼓励自己："再挖一锹！再挖一锹！"就在他挖到十米，将一锹土掀起来的时候，一股清水汩汩而出。有水啦！

村子里的人得知这个消息，纷纷赶来感谢王强，将他抬起来，高高地抛向空中。而丁力呢，他看着自己挖的三个半浅不深的土坑，脸红到了脖子根，恨不得一头钻进地缝里去。

乐享成败

一个总是耐不住性子，急功近利，浅尝辄止，虽然花费的时间和精力不比别人少，但是却没有实现预期的目标。另一个呢，一旦看好并决定投入，就不轻易改变，坚持"再挖一锹"，最终取得成功。可见，无论做什么事情，要想做成，做好，都必须有坚持到最后一刻的恒心。

金字塔上的蜗牛

在遥远的古埃及，在金字塔的不远处有一只蜗牛。有一天，蜗牛看到一只雄鹰扑打了两下翅膀，就冲上了高空，最后盘旋在金字塔的顶端。

“啊！多么壮观！如果我能离开这个只能看到眼皮子底下的地方，到雄伟的金字塔顶上，俯瞰整个世界，那该有多好啊！”

这个想法让蜗牛激动不已，说爬就爬，于是蜗牛背着重重的硬壳小房子，花了两天时间来到了金字塔下面，然后往上爬。

一只蚂蚁看见它，好心劝说：“蜗牛啊蜗牛！你还是放弃吧。金字塔那么高，只有雄鹰才上得去。你没有它那么有力的翅膀，还是在家好好歇着吧！”

蜗牛谢绝了蚂蚁的忠告，继续缓缓地一步一步攀爬。

一个月，两个月过去了，蜗牛爬高了一点点，就在这个时候，一股狂风吹过来，卷起一阵黄沙，劈头盖脸地砸过来，蜗牛差点儿掉下去。风在耳边呼啸，似乎在说：“回去吧！回去吧！你不累死，也会摔死！”蜗牛鼓起勇气，风沙一停又继续向上爬。

就这样爬呀爬，爬呀爬，不知道过了多长时间，不知道经历了多少次烈日的暴晒、大雨的洗礼和风沙的侵袭，最终，蜗牛爬上了高高的金字塔塔顶。

苍鹰看见了它，惊奇地问道：“你怎么到这里来了？”

蜗牛趴在金字塔顶，一边欣赏着壮丽的世界，一边回答说：“我想和你一样，来最高处看看美丽的世界呀！”

苍鹰继续问："是谁好心把你带上来的？我的兄弟姐妹吗？据我所知，能到达金字塔顶端的只有我们雄鹰呢！"

蜗牛说："我是自己爬上来的，我天天坚持不懈地往上爬，就爬上来了。不信？你看看我那闪光的足迹！"

乐享成败

能够到达金字塔顶端的只有两种动物，一是雄鹰，还有一种就是蜗牛。在金字塔顶端，人们确实找到了蜗牛的痕迹。小蜗牛没有雄鹰善于飞高的天赋，但是它凭着毅力，坚持每天向上爬，每天前进一点点，日积月累也创造了令人惊讶的奇迹。我们可以没有雄鹰的天分，但一定不能没有蜗牛的坚持。

顶级调酒师

陈前与启后是同班同学。十年前，两人从学校毕业，各自走向了自己的工作岗位。

陈前的第一份工作是做调酒师，启后的第一份工作则是在银行上班。那时候的启后一直是大家羡慕的对象，每天西装革履，生活多姿多彩。但是，没过多久，他就厌倦了在银行上班，开始做电脑方面的工作了。

而陈前则躲在昏暗的酒吧，默默做着自己的调酒工作。对此，启后劝过陈前说："别干了，没前途。"陈前只是笑笑。

十年后，在一次同学聚会上，两人再次见面。

启后不停地说着这十年自己的见识是多么的宽广，做了多少份工作，可谓对各行各业了如指掌。

然后，启后问陈前：“你现在在做什么？”

陈前答道：“调酒。”

启后非常惋惜地说道：“那你这十年都没什么变化？”说完，大伙都看着陈前笑。

陈前说道：“变化还是有一点的，十年前我是个调酒师；十年后，我是个顶级调酒师。”大伙面面相觑。

乐享成败

成功与否并不在于他选择做什么，而在于他一直在努力做什么。哪怕是学调酒，十年后也将是一名顶级调酒师。很多人知道该做什么，也知道该怎么做，也曾经做过，但却始终没有坚持下来，最终一事无成——因为，他们没有耐心。耐心是对目标的执著和毅力，是获得成就的前提条件。

愚公移山

太行和王屋两座大山，占地七百余平方公里，高逾万丈，据说是从冀州与河阳之间迁徙而来。那还是在很久很久以前，有位名叫愚公的老人，已经快九十岁了，他的家门正好面对着这两座大山。由于交通阻塞，与外界交往要绕很远很远的路，极为不便。为此，他将全家人召集到一起，共同商议解决的办法。愚公提议：“我们全家人齐心合力，共同来搬掉屋门前的这两座大山，开辟一条直通豫州南部的大道，一直到达汉水南岸。你们说可以吗？”大家七嘴八舌地表示赞同这一主张。

这时，愚公的老伴有些担心，她瞧着丈夫说：“靠您的这把老骨头，恐怕连魁父那样的小山丘都削不平，又怎么对付得了太行和王屋这两座大山呢？再说啦，您每天挖出来的泥土石块，又往哪儿搁呢？”儿孙们听后，争先恐后地抢着回答：“将那些泥土、石块都扔到渤海湾去不就行了？”

决心既下，愚公即刻率领子孙挑上担子，扛起锄头，干了起来。他们砸石块，挖泥土，用藤筐将其运往渤海湾。他家有个邻居是寡妇，只有一个七八岁的小男孩，也蹦蹦跳跳地赶来帮忙，工地上好不热闹！任凭寒来暑往，愚公祖孙很少回家休息。

有个住在河曲名叫智叟的人，看到愚公率子孙每天辛辛苦苦地挖山，感到十分可笑。他劝阻愚公说：“你也真是傻到家了！凭着你这一大把年纪，恐怕连山上的一棵树也撼不动，你又怎么能搬走这两座山呢？”

愚公听后，不禁长长地叹了一口气。他对智叟说：“你的想法呀，简直是到了顽固不化的地步，还不如那位寡妇和她的小儿子哩！当然，我的确是活不了几天了。可是，我死了以后有儿子，儿子又生孙子，孙子还会生儿子，这样子子孙孙生息繁衍下去，是没有穷尽的。而眼前这两座山却是再也不会长高了，只要我们坚持不懈地挖下去，还愁挖不平吗？”面对愚公如此坚定的信念，智叟无言以对。

当山神得知这件事后，害怕愚公每日挖山不止，便去禀告上帝。上帝也被愚公的精神感动了，于是就派两个大力士神来到人间，将这两座山给背走了，一座放到了朔方的东部，一座放到了雍州的南部。从此以后，冀州以南一直到汉水南岸，就再也没有高山挡道了。

乐享成败

这篇中国老百姓家喻户晓的寓言故事告诉人们：智叟孤立而静止地

看待愚公之老和太行王屋两山之高，其实无“智”可言；而愚公能用发展眼光洞悉子孙无穷与山高有限，又怎么能说是“愚”呢？想干成一番事业的人，就应像愚公那样充满信心，有顽强的毅力，不惧艰难险阻，坚持不懈地干下去，不达目的誓不罢休。

坚持创造的奇迹

有这样一个故事。

当年，美国有一家报纸曾刊登了一则园艺所重金征求纯白金盏花的启事，在当地一时引起轰动。高额的奖金让许多人趋之若鹜，但在千姿百态的自然界中，金盏花除了金色的就是棕色的，能培植出白色的，不是一件易事。所以许多人一阵热血沸腾之后，就把那则启事抛到九霄云外去了。

一晃就是二十年，一天，那家园艺所意外地收到了一封热情的应征信和一粒纯白金盏花的种子。当天，这件事就不胫而走，引起轩然大波。寄种子的原来是一个年已古稀的老人。老人是一个地地道道的爱花人。当她二十年前偶然看到那则启事后，便怦然心动。她不顾八个儿女的一致反对，义无反顾地干了起来。她撒下了一些最普通的种子，精心侍弄。一年之后，金盏花开了，她从那些金色的、棕色的花中挑选了一朵颜色最淡的，任其自然枯萎，以取得最好的种子。次年，她又把它种下去。然后，再从这些花中挑选出颜色更淡的花的种子栽种……日复一日，年复一年。

终于，在我们今天都知道的那个二十年后的一天，她在那片花园中看到一朵金盏花，它不是近乎白色，也并非类似白色，而是如银如雪的白。一个连专家都解决不了的问题，在一个不懂遗传学的老人手中迎刃而解，这真是一个奇迹。

乐享成败

在心中存下一颗希望的种子，并坚持不懈地努力，终有一天，奇迹就会降临在你的头上。这一点是毋庸置疑的，我们现在很多人之所以没有能够成功，往往就是在快要成功时退缩了。

焦山穿石

世上传闻有人在焦山之中学道成仙，因而想进山修道的人一直络绎不绝。

这天，正是春光明媚之时，一个名叫何仁的青年正在急急地向前赶路。山道上有两个人唉声叹气地下来，何仁上去便问："请问此山中能不能修道成仙?"

下来的一人对他道："你也想修道啊？慢慢上去熬吧!"另外那个人根本就不搭理他。

何仁满心欢喜地想上山修道，却没想到从山上下来的人是这副模样，不禁有些不解。等到上了山顶，才看见有座破败的茅屋，茅屋外稀稀拉拉坐了十几个人，一律盘腿在地上打坐。茅屋中有个白胡子的老头在打坐。

那老者一见何仁来了，就指着地上叫他坐下。老者问他："你想来学道？”

何仁点头。

老者又道：“我是太上老君，你想学道的话，就安下心来跟我学吧！”

何仁一听，高兴道：“大家都说学道难，我看不难嘛！”

太上老君微笑道：“的确不难！只要你有恒心，坚持七年就可以开始学了！”

何仁一听就愣了：七年啊……我现在二十岁，七年之后就二十七了！而且才开始学，学到什么时候呢？何仁小心地问：“那七年之后学什么呢？”

太上老君道：“你看看，还是心急吧！你才来就想学七年之后的道——那怎么可能呢！”

太上老君指着打坐的人道：“这些都是我的徒弟，他们上山最长的有五年了！刚才下去的两个已经熬不住了——他们也学了有三年了！你准备学多久呢？”

何仁道：“弟子从小愚笨，但一直都想修道，今日请师傅指点一下——不知能否学成？”

太上老君道：“任何人想学道，都是可以学成的。你能不能学成就看你有没有心了！”

何仁这下才定下心来：“弟子有心学道！”

太上老君点头道：“孺子可教也！”

从此，何仁就在山上住下来。每日白天跟着太上老君打坐修道，空闲时出去砍柴挑水。七年时间说长也长，说短也短，而太上老君其他的弟子一个个都熬不住下山去了。七年之后，何仁猛然才发现太上老君身边只剩下了自己一个人。

这天，何仁小心地问太上老君：“师傅，我修炼了七年，但什么法术都还不会，你什么时候能教我呢？”

太上老君道：“天上一日，人间一年。七年时间对我们修道之人来说，也就是七天时间，你如果觉得神仙的日子太寂寞，为师的也不勉强你。外面的世界很精彩啊！所谓炼丹成仙的法术，我平时讲道时都一一传给了你，以后继续修道就看你自己的悟性和定力了！”

说完，太上老君用手一指，只见一个石磨缓缓地飞了过来，落在何仁的面前。太上老君对何仁道：“我给你一个木钻，你用它来钻开石磨。什么时候钻开了，你的功力也就练成了！”

何仁见太上老君露了这一手，心里一下子佩服得五体投地，连忙道：“师傅，弟子明白了！外面的世界虽然精彩，外面的世界也很无奈。弟子愿意听从师傅的教诲，钻石磨，修正道！”

太上老君哈哈一笑：“好！今日就是你我分别之日，你好自为之吧！”说完，太上老君拈来一朵白云，驾乘而去。

于是，何仁便一个人住在焦山顶上，潜心修道，每日用木钻去钻石磨。不知不觉中，四十年过去了，那块石磨也被何仁钻开了。原来石磨中暗藏一本太上老君留下的修道秘籍。何仁精诚所至，石磨洞开，终于得道成仙。

乐享成败

浅尝辄止，学到的永远只是些皮毛。如果你想学到精髓，必须静下心来，仔细地研习。所以，无论做什么事情，都要坚持，只有如此，才会把事情做好。

多一份努力

有一位三十出头的女子来自贫穷的山区，大学毕业后留在省城，她当过记者，摆过地摊，开过服装店。一次偶然的机会，她认识了一位皮尔·卡丹代理商，信心百倍的她东挪西借地筹款，在省城闹市区租个门面撑起了一个专卖店。创业之初，她吃住在店里，为了给付那里昂贵的租金，有时一顿饭用一块大馍充饥。热情周到的服务终于让专卖店里有了络绎不绝的顾客，生意红火了，她没下过一次饭馆，没买过一件时尚衣服，仍过着节俭的生活。慢慢地，她口袋里的钱像滚雪球一样一天天地多起来。一年前，她把左右邻店兼并过来，同时还招聘了六名员工。已成款姐的她不无真诚地说："都市里到处都能掘到黄金，关键是你要选择好自己的生活方式。而生长在城里的人在下岗的风雨袭来时却感到手足无措，整日哀叹命运不济。"

其实，只要细心地观察一下四周，就会发现，在都市的角角落落，生活着生命力很旺盛的乡下人。在高高的脚手架上、在酒店、在商场、在快餐店、在书报摊……他们从事着或复杂或简单的劳动，以乡下人的勤劳与质朴，以乡下人顽强的生存能力，挤进了钢筋水泥混凝土构筑的城堡，开拓一块哪怕是极小的天地，并且有滋有味地活着。而那些一生下来就在城市里的人，下岗以后却连一条求生存的路也找不到。比起进军都市的乡下人，一些城里人已经输了，并且输得很惨。

即使我们拥有骄人的文凭，拥有城里的户口和住房，面对这个竞争激烈的社会，我们唯有不断拓展生存空间，谋求适合自己的发展方式，不断地刷新自己，创新未来，才有可能处变不惊，才可以在繁华褪尽后重新镀亮人生。

都市是一块生长钢筋水泥的地方，信息时代的浪潮无疑要叩击每一扇门，原先的享受哲学正面临重创。敢于直面未来的挑战，把曾经的成功或荣誉放到身后，一切从头开始，才能立于时代的潮头。

乐享成败

一个人的生活方式，不取决于拥有多少财富，而取决于自己。为了自己的目标，执著追求，努力向前，那么我们也就拥有了成功的条件。

寻找出坑的路

那年我上小学四年级，一天下午上劳动课时，李老师带着我们到学校的后山拣柴。我和三名同学跑向后山顶，边跑边拾。在一棵大树旁，我发现了一堆干枯的小树枝，便急忙奔过去。跑着跑着，我脚下一滑，跌进一个深深的坑里。坑太深，三名同学吓得大呼小叫，想尽办法也没能把我拉上来。

同学喊来了李老师。李老师站在坑边上，盯了我许久，才沉着脸坚决地说："跌进坑里，别急着向上看！我们不会拉你上来！"全班同学面面相觑，都没敢吱声。

"老师，老师，我上不去！"我在坑里急得大叫。

"在里面待着吧，我们走！"李老师像陌生人一样扔给我一句话，带着同学们走了。

我一屁股瘫坐在坑里，嘴一张，哇哇大哭，还生气地在坑里打滚，滚着滚着无意间我看见一道亮光。擦干眼泪，我坐起来向亮光处爬去。透出亮光的地方有一个洞，我钻了进去，越钻越亮，不一会儿到了山坡上，我一挺身跳了出来。

李老师和同学们都站在山坡上，随着我的出现，山坡上响起了真诚而热烈的掌声，经久不息。李老师猛地抱起我在原地转了两圈儿。我所有的不快一扫而光，不解地问：“老师，你怎么知道坑里有洞能出来?”“老师在上面就看见光了。老师想让你自己出来。”没等老师开口，同学们争着抢着告诉我。

李老师蹲在我面前，伸出宽大的手掌拍掉我身上的尘土，将一只手指竖到嘴边，示意我们安静。然后，他走到高处一字一句地说：“孩子们，记住，跌进坑里，别急着向上看，一心寻求别人的帮助常常会使人看不见自己脚下最方便的路。”

乐享成败

遇到困难，有时需要他人的帮助才能挺过难关，但多数时候，一定要依靠自己的力量。在这时，我们能做的只有静下心来，努力去寻找自己的路。

做人生的主角

现代营销学圣经《营销管理》的作者菲利普·科特勒曾经说过：“在你成功地把自己推销给别人之前，你必须百分之百地把自己推销给自己，旁观者的姓名永远爬不到比赛的计分板上。”

的确，旁观者的姓名永远爬不到比赛的计分板上。再长的路，一步步也能走完，再短的路，不迈开双脚也无法到达。要想成功，就要去行动，去拼搏，只有这样才会有成功的希望。

现在的中国恐怕没有人不知道海尔：海尔空调、海尔冰箱、海尔洗衣机……你能一连串儿说出好多海尔电器。确实，海尔在今天可谓是家喻户晓、举世闻名，它在欧、美、亚、中东都建立了生产基地，销售网络遍布全球。可谁能想象，它的前身却是一个濒临倒闭的集体制小厂。短短的十几年间，竟发生了如此翻天覆地的变化，其中的奥秘是什么呢？关键就在于海尔人上下一心，努力尝试，不断拼搏。

由此可见，尝试、拼搏对一个企业来说是多么重要。梅花香自苦寒来，宝剑锋从磨砺出。尝试，往往需要付出常人难以想象的艰辛，但也常常能创造出骄人的成绩。不去尝试，我们永远不会知道自己能做什么；不去拼搏，我们什么也做不成。尝试，会让我们更加了解自己；拼搏，会让我们更加相信自己。

旁观者的姓名永远爬不到比赛的计分板上，自己才是自己生活的主角。如果说自己的本体是一套“演出服”，那么我们每天所过的“生活”就是外化的“另一个自己”。几十年前，西方生活学家就说：“想让别人如何对你，那你就如何对待别人。”生活也是如此，想要怎样的生活，那就先尊重你的“生活”。当抱怨生活时，等于说你抱怨的恰好是自己；当你抛弃生活时，真正扔掉的却是“自己成全自己”的机会与权利。

尝试永远不会晚，除非你不想尝试了。想做生活的主角，无论何时尝试，你都有机会。

凡是去过肯德基的人都会看到一个外国老人的标志：身穿白西装，态度和蔼可亲。他就是桑德斯上校，一个 65 岁才开始他的事业的人。桑德斯上校退役后，身无分文，拿到的平生第一笔救济金只有 105 美元。他问自己：“我到底还有什么资源可以利用呢？我还能对人们做些什么贡献呢？”他苦思冥想，突然想起自己有一份秘方，那是一种炸鸡的秘方，人们很可能都会喜欢它。我为什么不把这份秘方卖给哪家餐馆，教他们如何制作美味的炸鸡呢？

在接下来的两年时间里，桑德斯驾着自己那辆“老爷车”，穿着很好笑的白西装，踏遍美国的每一个角落，逢人便叫卖他的秘方。他被拒绝了1009次，直到第1010次，他才听到一声“同意”。许多年后，“肯德基”的身影遍布世界各地。

乐享成败

亲爱的朋友们，让我们努力尝试、努力拼搏吧，搏出一片新的天地。在不断的尝试与拼搏中，我们将会变得更自信、更坚强、更完美。是的，每个人都会经历失败与挫折，只要我们还愿意努力，做人生的主角，有时候需要的只是再来一次的勇气。

成功是因为努力

有一所位于偏远地区的小学校，由于设备不足，每到冬季便要利用老式的烧煤锅炉来取暖。有个小男孩每天都提早来到学校，将锅炉打开，好让老师和同学们一进教室就能享受到暖气。

但有一天，老师和同学们到达学校时，愕然发现有火舌从教室冒出。他们急忙将这个小男孩救出，但他的下半身遭到严重灼伤，整个人完全失去意识，只剩一口气在。

送到医院急救后，小男孩稍微恢复了知觉。他躺在病床上迷迷糊糊地听到医生对他妈妈说：“这孩子的下半身被火烧得太厉害了，能活下去的机会实在很渺茫。

但这位勇敢的小男孩不愿这样就被死神带走，他下定决心要活下去。果然，出乎医生的意料，他熬过了最关键的一刻。但等到危险期过后，他又听到医生在跟妈妈窃窃私语："其实保住性命对这孩子而言不一定是好事，他的下半身遭到严重伤害，就算活下去，下半辈子也注定是个残废。"

这时小男孩心中又暗暗发誓，他不要做个残废人，他一定要起身走路。但不幸的是他的下半身毫无行动能力。两条细弱的腿垂在那里，没有任何知觉。

出院之后，他妈妈每天为他按摩双脚，不曾间断，但仍然没有任何好转的迹象。即使如此，他要走路的决心也不曾动摇。

平时他都以轮椅代步。有一天天气十分晴朗，他妈妈推着他到院子里呼吸新鲜空气，他望着灿烂阳光照耀的草地，心中突然出现一个想法。他奋力将身体移开轮椅，然后拖着无力的双脚在草地上匍匐前进。

一步一步，他终于爬到篱笆墙边；接着他费尽全身力气，努力地扶着篱笆站了起来。抱着坚定的决心，他每天都扶着篱笆练习走路，走得篱笆墙边出现了一条小路。他心中只有一个目标：努力锻炼双脚。

凭借着如钢铁般的意志，以及每日持续的按摩，他终于靠着自己的双脚站了起来，然后走路，甚至能跑步。他后来不但能走路上学，还能和同学们一起享受跑步的乐趣，到了大学时，他还被选入了田径队。

一个被火烧伤下半身的孩子，原本逃不过死神的召唤，原本一辈子都无法走路、跑步，但他却凭着顽强的意志，跑出了全世界最快的成绩。他就是葛林・康汉宁博士。

乐享成败

成功只怜惜努力的人，如果这个孩子由此沉沦，那多年以后世上会少一个杰出的运动员而多一个乞讨为生的人。他凭借永不放弃的努力，才把不可能变成可能，把可怜变成杰出，把失败变成成功。

挑战失败，仍需忍耐

面对失败的挑战，我们需要付出的全部就是尽心竭力、拼搏获胜。拼搏获胜的一个基点就是不要消极地把自己和那些巨人或任何别的人相比较，而要把他们当做自己的榜样。然后选择任何一件在你生活中能够做到的事情，坚持干下去，并且全力以赴。在这个过程中，你切记不要被一些荒诞之说所迷惑，即：只有富有者，才能成功；只有矫健者，才能成为超级明星；只有美貌者，才能得到想要的一切……这些根本就不是真实的情况。

无论历史书中还是现代的宣传媒介里，都在讲述那些藐视和不顾严重的身体缺陷而成为成功者的人们。在现实中，斯蒂芬·霍金是个神经系统失调的人，这严重地影响了他的说话能力，并且需要把他禁锢在轮椅上。但他在理论物理方面所做的工作，成为当代解释宇宙的最重要的理论贡献之一。按他同事的说法：“他对于爱因斯坦，正如爱因斯坦对于牛顿。”

图鲁斯·劳特瑞克长得畸形而矮小，但他创造的杰出绘画，使其成为印象派时代最伟大的天才之一。尽管他身材矮小，他却被视为一位巨人。

尽管这些人都有难以逾越的障碍，但他们还是成功了。人们有道理认为，假若他们在抱怨自身不幸和身体缺陷中度过了他们富有创造性的宝贵时光，那么，除了日渐衰老和迟钝外，他们将一事无成。

在人类的实践史和认识史中，失败的事件和不正确的认识曾耗费了人们大部分的时间和精力。甚至可以这样说，成功往往是从失败开始，并伴随着失败而获得的。

面对失败，总结经验，汲取教训，再接再厉，才能取得事业的成功。

学会忍耐不是一件简单的事，但我们还是得忍耐，因为忍耐能为我们带来意想不到的收获。

我们常会碰到这样的事，丈夫出去办事，尽管他应该先给妻子打电话，或许是该在他回来后诚恳地向妻子道个歉，但这些他都没有做，于是妻子会在心里暗暗地怨他。有时因不知丈夫到底干什么去了，而心生疑虑，一种不悦的情绪时不时地袭扰妻子，无端地在心里发着无名火。于是妻子感到内心很沉重，问题自然而然地就产生了。下面的故事就说明了这个问题。

听到钥匙的开门声，愤怒的梅真想跳起来把他推出去。满满一桌饭菜凉了又热，热了又凉，那可全都是丈夫爱吃的。然而丈夫丝毫没有意识到梅的一腔柔情，也早忘了今天是他们结婚5周年的纪念日。

他的全部兴奋点都在今晚的足球赛上，那精彩的临门一脚仿佛是他射进的一般。梅真想在他眉飞色舞的脸上打一拳，然而一个声音告诫她："别这样，亲爱的，再忍耐两分钟。"

两分钟以后的梅，怒气不觉消了许多。"丈夫本来就是那种粗心大意的男人，况且这场球赛又是他盼望已久的。"她不停地安慰自己，尔后起身又把饭菜重新热了一遍，并斟上了两杯红葡萄酒。兴奋依然的丈夫惊喜地望着丰盛的饭桌："亲爱的，这是为什么？"

"因为今天是我们的结婚纪念日呀。"

愣了片刻的丈夫抱住梅："宝贝，真对不起，今晚我不该去看球。"梅笑了，她暗自庆幸几分钟前自己压住了火气，没大发雷霆。

我们每个家庭当中，夫妻吵架，都是因为这些提不起来的事引起的。你细细想一下，是不是要像梅这样再忍耐两分钟呢？这是很利于家庭和睦幸福的。

没有适当的忍耐，就不会有双方的快乐和幸福，忍耐是尊重并理解对方的一种理智的表现。

乐享成败

是啊，挑战失败，仍需忍耐。在面对失败时，不仅需要勇气，更要学会忍耐，忍耐的最后或许就是另一种成功。

第六章

心态好一点，失败少一点

失败不可怕。正如海明威的小说《老人与海》中的主人公桑地亚哥所说：“人可以被打倒，但不能被战胜。”失败与悲伤只能使我们痛苦，但不能摧毁我们的斗志。也许命运不会首肯你的选择，但是只要你拥有良好的心态，就一定能登上成功的顶峰。

用粉笔交谈

她站在讲台上，不时地挥舞着她的双手；仰着头，脖子伸得好长好长，与她尖尖的下巴扯成一条直线；她的嘴张着，眼睛眯成一条线，诡谲地看着台下的学生；偶然她口中也会支支吾吾的，不知在说些什么。基本上她是一个不会说话的人（只是语言上），但是，她的听力很好，只要对方猜中，或说出她的意见，她就会乐得大叫一声，伸出右手，用两个指头指着你，或者拍着手，歪歪斜斜地向你走来，送给你一张用她的画制作的明信片。

她就是大名鼎鼎的迪娅茨，一位自小就染上小儿麻痹症的病人。小儿麻痹症夺去了她肢体的平衡感。命运对她是如此残酷，父母没有从她得小儿麻痹症的阴影中走出来，上天又剥夺了她发声讲话的能力。从小她就活在诸多肢体不便及众多异样的眼光中，她的成长充满了血泪。然而她没有让这些外在的痛苦击败她，在父母信任的目光中，她昂然面对，她以常人难以想象的行动，迎向一切的不可能，终于天道酬勤，她获得了加州大学艺术博士学位。

在一次演讲中，她用她的手当画笔，以色彩告诉人“我比一些健康的人生活得更为快乐”，并且灿烂地“活出生命的色彩”。全场的学生都被她不能控制自如的肢体动作震慑住了。这是一场倾倒生命、与生命相遇的演讲会。“请问迪娅茨博士”，一个学生小声地问：“你从小就长成这个样子，请问你怎么看你自己？你没有怨恨吗？”这位学生的老师心一紧，真是太不成熟了，怎么可以在大庭广众之下问这个问题，太伤人了，很担心迪娅茨会受不了。“我怎么看自己？这位小朋友问得真好，也就只有你们这些小鬼才敢问我这样的问题。”迪娅茨用粉笔在黑板上重重地写下这个问题。她写字时用力极猛，整块黑板此时都有些颤抖，写完这个问题，她停下笔来，歪着头，回头看着发问的同学，然后嫣然一笑，回过头来，又在黑板上龙飞凤舞地写了起来：

我觉得自己非常好，我有这么多的优点，为什么要难过呢？

一、我好可爱！

二、我的腿很长很美！

三、爸爸妈妈这么爱我！

四、朋友们这么爱我！

五、上帝这么爱我！

六、我会画画！我会写稿！

七、我有只可爱的小狗！

八、还有……

九、……

也许，现在你们很难理解，不过当你们到了我这个年纪时，你们想起这些，才会彻底明白我此刻的想法。

忽然，教室内鸦雀无声，没有人敢讲话。她回过头来定定地看着大家，再回过头去，在黑板上写下了她的结论：“我只看我所有的，不看我所没有的。”

掌声由学生中响起，看看迪娅茨倾斜着身子站在台上，满足的笑容从她的嘴角荡漾开来，眼睛眯得更小了，有一种永远也不被击败的傲然写在她脸上。小学老师坐在位子上看着她，不觉眼睛湿润起来。走出教室，迪娅茨写在黑板上的结论，一直在他的眼前跳跃：“我只看我所有的，不看我所没有的。”许多年过去了，小学老师将这句话永远记在自己的心上。

乐享成败

面对不幸，我们笑而置之。更多的，我们怀着感恩的心情看待我们所拥有的一切，这就能给我们带来无尽的快乐。同样是一辈子，为什么不快乐一点呢？

通用公司的裁员名单

2003年7月，美国通用公司公布了裁员名单，规定内勤部办公室的艾丽和密娜达一个月之后离岗。那天，大伙儿看到她俩都小心翼翼的，更不敢和她们多说一句话。因为，她俩的眼圈都红红的。这事摊到谁身上都难以接受。

第二天上班，这是艾丽和密娜达在通用公司的最后一个月。艾丽的情绪仍很激动，谁跟她说话，她都像灌了一肚子的火药，逮着谁就向谁开火。裁员名单是老总定的，跟其他人没关系，甚至跟内勤部都没关系。艾丽也知道，可心里憋气得很，又不敢找老总去发泄，只好找杯子、文件夹、抽屉撒气。

“砰砰”！“咚咚”！大伙儿的心被她提上来又摔下去，空气都快凝固了。人之将走，其行也哀，谁忍心去责备她呢？

艾丽仍旧不能出气，又去找主任诉冤，找同事哭诉。“凭什么把我裁掉？我干得好好的……”

旁边的人心里酸酸的，恨不得让自己替下艾丽。自然，办公室订盒饭、传送文件、收发信件，原来属艾丽做的工作，现在都无人过问。

不久听说，有一些人到老总那儿替艾丽说情，好像都是重量级的人物，艾丽着实高兴了好几天。不久又听说，这次是“一刀切”，谁也通融不了。艾丽再次受到打击，气愤愤的，许多人开始怕她，都躲着她。

艾丽原来很讨人喜欢，但后来，她人未走，大家却有点讨厌她了，

密娜达也很讨人喜欢。同事们早已习惯了这样对她："密娜达，把这个拉一下，快点儿!""密娜达，快把这个传出去!"密娜达总是连声答应，手指像她的舌头一样灵巧。

裁员名单公布后，密娜达哭了一晚上，第二天上班也无精打采，可打开电脑，拉开键盘，她就和以往一样地干开了。密娜达见大伙不好意思再吩咐她做什么，便特地跟大家打招呼，主动揽活。她说："是福不是祸，是祸躲不过，反正这样了，不如干好最后一个月，以后想干恐怕都没机会了。"密娜达心里渐渐平静了，仍然勤快地打字、复印，随叫随到，坚守在她的岗位上。

一个月满，艾丽如期下岗，而密娜达却从裁员名单中删除，留了下来。主任当众传达了老总的话：

"密娜达的岗位，谁也无法替代；密娜达这样的员工，公司永远不会嫌多!"

艾丽一味抱怨不幸，在怨天尤人的愤怒情绪中，把事情搞得越来越糟，结果错过了解决问题的机会。不叫她走人，那才怪哩!

乐享成败

人生是由无数大大小小的考试连缀起来的，学生时代的考试是用试卷测验知识，而成长中的考试则是对人内心的测验，于是，人的最本质的东西一下暴露无遗。艾丽的牢骚、抱怨和愤怒让她把一切都失去了。而密娜达则成功地展示了她最好的潜质。我们都看到了，最好的留下来了。

救命的金币

在一个沙尘暴多发区，漫天的狂沙让一位年仅 21 岁的小伙子一夜间失去了双亲，风沙过后，只有他和妹妹活了下来。

当所有的家园都变成一片废墟，仓库和良田都成为一片沙海时，一点可以吃的东西都没有了，面对此情此景，小伙子悲伤极了，他一屁股坐在了沙尘飞扬的屋瓦上。一天，他再也无法忍受这个残酷的事实，于是就写好了遗嘱，然后在墙角里偷偷找了条绳子，打算了却此生。然而就在这时，门突然开了，他 8 岁的妹妹跟她的同窗好友走了进来。

“吉米”，她心怀希望地看着哥哥说，“可不可以给我一枚金币，我们一起去店里买一些饼干？”

吉米慌忙收起绳子，惶恐不安地坐着，很久没有回答，因为他一个金币也没有，就连原本那颗激情澎湃的心，此刻也被厄运击打得伤痕累累。他看了看自己，只剩下消瘦的双手和干瘪的口袋。

“小可爱”，他迟疑地对妹妹说，“对不起，我连一个金币也没有，相信我们马上会有的，不要担心。”

吉米整了整衣衫，站了起来。那一天晚上，他再也睡不着，因为，他老是想起妹妹转身离去的失望表情。他连一个金币也不能给妹妹，这是多么的悲哀呀！他想到父母的在天之灵绝不希望自己这样对妹妹。吉米想着想着，突然振作了起来，为了能圆妹妹一个金币的愿望，他彻底醒悟了！

天亮了，他拿起工具走向了农田……后来，吉米不光带领乡邻们战胜了沙尘暴，而且还实现了自己埋藏心中多年的梦想——做一名教师。

提起这段往事，吉米总会激动地说："当不幸降临到身上时，我们千万不要就此消沉下去，因为，它总会在带给我们看似绝望的同时，又给了我们一枚'希望的金币'。我的妹妹就让我找到了那枚金币，原来它一直就藏在我的灵魂深处！"

是啊，积极的心灵是无坚不摧的！当不幸降临时，悲观沮丧、怨天尤人又有什么用呢？这样只能恶化不幸的范围，我们为什么不能振作一下疲惫的精神，找回那枚信念的"金币"呢？

乐享成败

不幸和幸运一样，都属于我们生命的一部分，而且，两者相得益彰，没有任何人能抵制它！富有智慧的人总能用他们信心的磨盘把"不幸"磨成末，用自己的乐观把它沏成一杯香茶，然后坐下来慢慢去品味！

守护一脸笑

古河是个穷孩子，小的时候帮人做豆腐。古河是个非常认真的孩子，做事总是尽心尽力，而且充满信心，所以做的事情也很多。主人什么时候看到他，都是一副信心十足、笑容满面的样子，所以主人把看他做事当成件愉快的事。长大以后，他不再做豆腐了，被放债的人雇去催收钱款。

古河靠着他的笑容，把收款的事情做得很出色，多么难收的款他也能收回来。有一次，古河到一个借债的人那里要钱，这笔债早就应该还了，可是借债的硬是拖，“一千年不赖，一万年不还”。这一次，一看来了个讨债的，那人脸色立刻由晴转阴，对古河一脸冰霜，横竖不理不睬。他把古河一个人晾在那里，自己走了。晚上，直到睡觉的时候，他也没搭理古河，索性关了灯，睡大觉去了，让古河一个人摸黑枯坐。古河晚饭也没吃，又冷又饿，但他就是不生气，就是那么静静地坐着，一直坐到天亮。第二天早晨，那个欠债的人看到古河仍然坐着，脸上仍然挂着笑容，没有一点生气的样子，着实被感动了，恭恭敬敬地把钱还给了古河。

古河的随和、耐心和永久的笑容，显示了一种心理的力量、意志的力量、信心的力量。两年后，古河买了一个废弃的铜矿，后来成为了日本的矿业大王。任何一种成功都有自己特有的秘诀。人们问古河成功的秘诀，古河说：“发财的秘方就是忍耐二字。”又说：“有了忍耐，就没有任何东西能阻挡你前进的步伐。”

人们这样评论他的成功：“守候着信心与笑容，一切都变得有利起来。”

乐享成败

面对自己无能为力的事情，发泄情绪只会让自己的心情雪上加霜，不如抱着希望乐观的心去面对，一切都会自然而然地好起来。就像等公交车，如果错过了一趟车，切勿发脾气，最明智的办法：安心等待下一趟车的到来。

笑对生活中的磨难

我们因为一次考试成绩不好而不快乐；我们因为与同事拌嘴而不快乐；我们因为竞选班干部失败而不快乐；我们因为没拿到奖金而不快乐；我们因为看到了不能接受的事情而不快乐……生活中有太多太多让我们不快乐的理由。

因为不快乐，我们郁闷、消沉，有时甚至放弃了我们只此一次的美丽生命。其实，这样做只会让你更加痛苦。

当遇到不快乐的事情时，我们常常会认为自己是世界上最悲惨的人，没有办法可以解脱出来。可是你是否想过，这个世界上还有许许多多的人和你一样正在遭遇痛苦，甚至还有无数个人比你的遭遇还要惨，可他们照样活得很快乐，哪怕注定只有一天的生命，也要过得快快乐乐！你 18 岁时认为的“绝境”，到了你 30 岁时会发现，那只不过是小儿科的事件而已。

我们应该学会笑对生活中的一切磨难，学会从困境中寻找快乐。

张丽从小生活在甘肃一个很穷的地方，不但水要一担一担地挑，而且经常是缺衣少食。为此，她只有一个心愿，只要有可能她一定要走出这个大山，她一定要让自己和家人过上好日子。

那年她们村里有一个人从广东回来招工。她知道之后，瞒着家里人偷偷地报了名。走的那天被家里人发现，她一边跑一边哭一边大声喊：“不要追了，让我走吧。等我赚到钱，我一定回来给你们盖新房子。”家里人最终还是没有追上她。就这样她去了广东，当时她只有 16 岁。

谁知道等待她的并不是天堂。她被骗到了一个黑工厂加工鞋子。一干就是半年，困在那里，没日没夜，没有自由。吃不饱，也睡不好，还常被打。有一次，她趁守门人不注意，便偷偷地跑出去了。黑夜里深一脚浅一脚地跑，唯恐被抓回去。跑啊跑啊，鞋子跑丢了也不知道。当看到一辆上面写着广州字样的车时，她激动地大叫，好像全部的希望都在那上面。最后，她终于到达了广州。

那天早晨到达广州时，张丽说，自己就像要饭的乞丐，蓬头垢面，饥寒交迫。后来，碰上了一个开饭店的老乡，让她在店里帮忙，给了她一条活路。

在那个老乡饭店里待了一段时间后，她又换了其他很多工作。虽然都很劳累，但是她还是坚持着留了下来。因为她相信她一定会有好日子过的。

后来每当遇到困难，处于困境当中，她就想起往广州逃的那条黑漆漆的长路。眼前只有一条路，那就是前进，不停地前进。哪怕是跌倒再爬起也要往前。她说："人一定要笑着对待生活中的各种磨难，否则你就会被磨难所打倒。"

乐享成败

笑对生活中的磨难是生命最高的意义。在坎坷的人生道路上，只要你的灵魂始终微笑，那么，挫折与磨难只是生活中微不足道的点缀。笑对生活，世界会向你敞开许多成功的大门；笑对生活，纵是风雨也会变成生命中美丽的风景！

把心放轻松

凯茵被网球俱乐部的莎莉击败时，惊吓与羞愧的情绪交错之中，她觉得莎莉根本就不是她的对手。

比赛结束后，一位球员断言：“哇！莎莉一定是这个俱乐部的明日之星。”

“不，她并没有那么好。”凯茵感叹，“是我击败了自己，我当时心不在焉。”

凯茵是个实力很强的运动员，不论是游泳或冲浪，都表现得比同龄选手杰出。而在网球方面，更是佼佼者。上一年她赢得了好几个比赛冠军，可以说是风光的一年。但讽刺的是，她当时并没有全力以赴，反而以“轻松地打”的心态居多。

上次过生日，凯茵用塔罗牌占卜流年运势，知道自己将会有个“好运旺旺的一年”。因此，凯茵这么想着：上一年我只不过是随便打打，就有这么好的成绩，要是我开始加倍努力、勤奋练习、全心投入，那还得了！换句话说，凯茵认定自己在这一年的网球赛里稳操胜券。

于是凯茵找出所有网球录影带和相关书籍，加强技巧，并将她原来在比赛前一晚喝点小酒的习惯也改了，她吃得更健康，以保持最佳状态。

以往，她总在年度大赛的最后一晚放松心情，但这回，她把念书时准备期末考试的那股拼劲拿来打网球。

比赛那天，凯茵信心满满：“我一定可以把对手打得灰头土脸！”

比赛中凯茵一直试图想起书中的重点，现学现用，可是不知怎么总是会慢一步，脑子里尽想“我表现得如何”，她全身紧绷，一点也没法轻松快乐地打球。最后，她输了。

输给了实力不及自己的莎莉之后，凯茵突然自悟：为什么事倍功半呢？我明明这么努力了，到底是怎么回事？

突然，有个答案从她脑海中闪过：“塔罗牌明明说我今年运势会很顺利，而事实也应如此啊！我学到了人生中一个最重要的课题，那就是：‘当我喜欢自己的表现而且不把它看得那么严肃，也不要刻意去分析每一个挥拍反击的动作时，我的成绩通常比较好。’原来这就是所谓的把心放在球场打球。”

凯茵学到了一个宝贵的经验：如果在打球时，想的尽是运球动作和球技分析，就很容易犯规、表现呆板，且对敌手的回击缺乏应变力。除此之外，凯茵领悟到人生也是如此。当她把心放在球场，不去想如何挥拍、杀球，那么一旦情况需要，所有的技巧便能自然涌现。

乐享成败

从坏处学经验，从好处拿信心，这是放松我们心态的法宝。凯茵输给莎莉，不过是一次小失败，而失败的价值就在于从失败里找到经验。如果掩面而泣之后只是满肚子的牢骚和抱怨，那么你就得在失败里一再留级，直到你吸取了教训，从失败中找到一条新的出路。

我要面对阳光

读小学时，她读到一篇关于李大钊的文章，从此她知道了北大，知道了未名湖，于是她对所有认识的人说，她这一生无论如何都要到未名湖去放飞自己的梦想。

高考第一年，她考上了省内的一所大学，但她不肯去读，她对自己的父母说，除了北大，任何一所学校对她来说都没有意义。父母没有办法，只得同意她复读一年。复读后，她真的考上了自己梦寐以求的北大。

在北大，她经过努力成为了学生会的副部长，每一次北大的学生会活动都有她的身影，每一个认识她的人都认为她的未来是看得见的一片辉煌。可是命运却跟她开了一个天大的玩笑，有人举报她当年考上了省内的大学不上，按当时的教育部规定：凡是当年考上了大学，有学不上的考生，都必须停考一年，才能再考别的学校。而她却没有停考一年，这就意味着她在北大所有的努力都得化成泡影，因为北大不可能给她一张毕业证，她被北大注销了学籍。

这样的事情放在任何一个人身上，都会接受不了，何况是她，她早已经把北大当成了自己生命的一部分。她开始不吃不喝，整天躺在床上看着天花板发呆，身边的同学担心她会出事，每一天都会留下两名同学陪在她的身边。

忽然有一天，她对陪在她身边的同学说："你们去上课吧，我不会自杀，我要向学校申诉，向教育部申诉。"从此北大的校园里经常能够看见她匆匆忙忙的身影，可是申诉的结果不但没有改变学校的决定，还要求她马上搬离学校。

一天，系主任又找她谈话，又说到要求她尽快搬出学校的事情，谁知道系主任的话还没有说完，她忽然跪在地上大哭起来，一边哭一边对着系主任喊："你们是不是想把我逼死，想要把我逼死我今天就死给你们看。"系主任没有办法，只得同意她留在学校继续听课。

她变了，变得让同学们越来越不认识了。原来那个爱说爱笑的她已经完全变了一个人，动不动就向人发脾气，歇斯底里地对着别人大喊大叫。她身边的同学都开始害怕和她说话，她也变得越来越独断专行。

一天，她忽然接到自己高三班主任的一封信，班主任在信里写道："我知道你心里受了莫大的委屈，但这不能怪你，要怪就怪我当年没有跟你讲清楚教育部的政策……现在我最担心的就是你受了这么大的打击之后，开始对这个世界产生抱怨，并且自己也开始沉沦。不过，老师还是相信你是个坚强的孩子，你还记得高三时我对你们说过的一句话吗？'当一个人面对太阳的时候，她的眼前永远是一片阳光，而当她转过身背对太阳的时候，她的眼前只有自己的阴影。'记住了，你是我教过的所有学生当中最优秀的，老师永远相信你会转过身来面对阳光的。"

她不知道自己看了多少遍高三班主任的来信，看一遍流一次眼泪，而这些眼泪就像甘露一样，慢慢地把她那将要枯槁的心灵给滋润开来，在她的心头绽开了一朵美丽的心花。

她对系主任说，她可以不要学籍，也可以不要毕业证，但她必须得学习，所以她请求北大允许她在北大学完所有的课程。北大同意了她的请求。当身边的同学拿着毕业证毕业的时候，她拿到的是北大的一纸说明，说明她被注销了学籍，仍坚持上课，并且成绩优异。

她就是中国最具影响力的十大女富豪中最年轻的张璨。张璨至今还保留着高三班主任当年的那封信，她说如果没有这封信对心田的滋润，那么今天她也一定不会转过身来面对灿烂的阳光。

乐享成败

困难并不可怕，可怕的是我们不能走出来。用一颗充满阳光的心去对待现实的残酷，或许收获的就是灿烂明媚的艳阳天。

屋顶上的月光

有一位少年，童年时期就失去了双亲，与他相依为命的哥哥也只能靠辛勤地演奏来赚取生活费，家境十分贫寒，生活很是艰苦。然而这一切都阻挡不了他对音乐的热爱和渴望，他准备去距家400公里外的汉堡拜师学艺。

他一路风尘仆仆，饿了啃干粮，渴了喝泉水，累了在农家的草垛旁或是马厩里歇一晚，历尽千辛万苦，终于走到了汉堡。

虽然来到了汉堡，但音乐教师的收费却很昂贵，这使囊中羞涩的他无力支付，剩下的钱居然不够一星期的学费。他不愿就此放弃，跑遍了几乎所有的音乐课堂，忍受着嘲笑与讥讽，终于得到一位老师的认可，做了他的学生。

老师发现了他的天分，建议他去撒勒求学，那里才能给他真正系统的音乐训练。于是他再次踏上旅途，忍饥挨饿地走到撒勒。经过苦苦哀求，一位校长终于允许少年在音乐学校旁听。他欣喜若狂，以百倍的热情投入学习，天赋与勤奋使他很快脱颖而出。

少年渐渐不能满足于手头简单的几套练习曲，他知道哥哥保存着很多著名作曲家的曲谱，回乡后便向哥哥提出了请求。为生活四处奔波的哥哥对弟弟的音乐功底并不了解，他语重心长地说："这些曲子我演奏了十几年还觉得吃力，你不要以为出去学了几天就了不起了，还是好好弹你的练习曲吧！何况，那么珍贵的曲谱，你弄坏了怎么办？"哥哥板着脸离开了，他却没有因此死心。

哥哥每到晚上都要出去演奏补贴家用，这时他就偷出哥哥珍藏的曲谱，用白纸一个音符一个音符地抄下来。因为家里很穷，点灯都是奢侈的事情，月朗星稀的晚上，他就爬到屋顶上，在明亮温柔的月光下抄写曲谱。曲谱的美妙使他沉醉其中，被困窘折磨的灵魂此时似乎插上了翅膀，在月光下任意翱翔。

一个夜晚，哥哥疲倦地归来。临近家门，他听到一段优美而哀婉的旋律，那是弟弟最后抄的那支管风琴曲的变奏。音乐在夜色中飘荡回旋，他不知不觉也被感染了，深为其悲。音乐如泣如诉，有身世坎坷的感叹，有遭遇挫折的伤悲，更有对美好理想的追求和对光明的无限渴望。哥哥站在月光下倾听着，眼泪潸然而下。他终于相信，弟弟的天分足以演奏好任何一支曲子。他走进屋，含着泪水轻轻搂住了弟弟，决定从此全力支持弟弟继续深造。

少年终于一偿夙愿，美梦成真——他就是近代奏鸣曲的奠基者巴赫。

有人曾经问他，是什么支持着他走过那么艰苦的岁月？他笑着说："是屋顶上的月光。"

"屋顶上的月光"——他将所有的挫折都包含在这一简单而美丽的句子里。这不仅意味着他灵魂深处对音乐的热爱，而且充满感人至深的力量。有时候，照亮我们的理想并照亮我们的心灵，真的只需要那微弱的屋顶上的月光，就如同当初它照亮了巴赫的理想，使他漠视所有的困苦和劳累，而最终达到自己的音乐天堂一样。

"屋顶上的月光"照亮了巴赫的理想，并照亮我们每一个人的心灵。它散发着艺术的美感，使我们忘记劳累、困苦，引导着我们热爱艺术。

乐享成败

人生的确需要有一束理想之光把我们照亮，它让我们勇敢地对待挫折和不幸，困苦和劳累。一个积极的心态，是人奋斗时动力源源不断的原因所在。

成功的永恒法则

人们的性格各不相同，每一种性格都有或多或少的优点或缺点。人要扬长避短，就是说要发扬性格上的优势，避开或克服性格上的缺陷。

只要人类还存在，人们对自己的探索就不会停止。人之所以探索性格的问题，是因为人们希望自己能更好地把握世界。人们在自然和社会中寻求发展的同时，不断反求诸己，反躬自问，探索着行为与人性、性格的关系，以求更好地把握自己的人生。

有一个法国人，42岁了仍一事无成，他也认为自己简直倒霉透了：离婚、破产、失业……他不知道自己的生存价值和人生意义。他对自己非常不满，性情变得古怪、易怒，同时又十分脆弱。有一天，一个吉卜赛人在巴黎街头算命，他随意一试。

吉卜赛人看过他的手相之后，说："你是一个伟人，你很了不起！"

"什么？"他大吃一惊，"我是个伟人，你不是在开玩笑吧？"

吉卜赛人平静地说："您知道您是谁吗？"

"我是谁？"他暗想，"是个倒霉鬼，是个穷光蛋，我是个被生活抛弃的人!”

但他仍然故作镇静地问：“我是谁呢?”

“您是伟人，”吉卜赛人说，“您知道吗，您是拿破仑转世！您的身体流的血、您的勇气和智慧，都是拿破仑的啊！先生，难道您真的没有发觉，您的面貌也很像拿破仑吗?”

“不会吧……”他迟疑地说，“我离婚了……我破产了……我失业了……我几乎无家可归……”

“哎，那是您的过去，”吉卜赛人说，“您的未来可不得了！如果先生您不相信，就不用给钱好了。不过，5 年后，您将是法国最成功的人，因为您就是拿破仑的化身。”

他表面装作极不相信地离开了，但心里却有了一种从未有过的伟大感觉。他对拿破仑产生了浓厚的兴趣。回家后，就想方设法地找与拿破仑有关的书籍著述来阅读。渐渐地，他发现周围的环境开始改变了，朋友、家人、同事、老板，都换了另一种眼光、另一种表情对他，事情也开始顺利起来。

后来他才领悟到，其实一切都没有变，是他自己变了：他的胆识、魄力以及思维模式都在模仿拿破仑，就连走路说话都像。

13 年以后，也就是在他 55 岁的时候，他成了亿万富翁，法国赫赫有名的成功人士。

乐享成败

无论遭遇怎样的困境，只要能调整自己，积极行动，就能获得成功，取得光辉的业绩。

荒岛上的公爵兰

挪威有一位叫威廉姆斯的探险家，从 20 岁开始环球旅行。40 年后，几乎走遍了世界上所有著名的荒漠、丛林和深山峡谷。

1982 年，在结束南非裂谷带的探险后，记者曾问他有何感想。他说，我始终有两大遗憾：一是为世人遗憾，地球上有那么多瑰丽的景色，世人竟不得一睹；二是为景色遗憾，它们那么壮观美丽，而不为世人所知。

1991 年，他到新西兰的斯奈尔斯岛，这次旅行彻底改变了他的这种心态。

斯奈尔斯是新西兰南部的一个小岛，面积 6.7 平方千米，由于远离新西兰本土，终年人迹罕至。威廉姆斯踏上这座小岛，发现这里竟生长着成片的公爵兰。这种兰，花姿奇秀、香味馥郁，在挪威乃至整个欧洲都被列为群芳之冠。看到这些兰花，他想，这些名贵珍稀的花卉如果在欧洲早就被呵护着去装点总统套房了，可是在这儿它们却寂寞地生长着，几百年甚至上千年都无人知晓。

正当惋惜之情再一次从心底升起时，不经意间，他发现在一座小山崖上有一窝野蜂，它们正忙碌着，把兰花上的花粉和蜜带回蜂巢。威廉姆斯看着眼前的情景，迷惑好像一下子被解开了。他在当天的旅行日记中这样写道：这一片公爵兰，有这一窝野蜂不就够了吗？有什么可遗憾的呢？世界上奇绝的景色，有一两个探险家走近过、目睹过，不也就行了吗？

威廉姆斯的大部分时间是在野外度过的，他对大自然有许多超乎寻常的感悟。当我坐在书桌旁，合上他那本游记，似乎觉得尘世中的一些迷惑也开始雾尽天朗。一些有才华的人默默无闻，这又有什么可遗憾的呢？威廉姆斯的发现告诉我们：一个人的才华也没有必要在所有的人面前显露，在这个世界上，有一两个人赏识也就足够了。

乐享成败

每个人都有如奇葩，各有卓绝华美之处，因无伯乐而枉自悲伤只是徒劳，因人云亦云而得来的赞誉更是空洞。当高山流水之音奏响，人才会发现，这些都淡然如水，只有知音的相伴才是自己永远的慰藉和快乐。

独木桥的走法

弗洛姆是美国一位著名的心理学家。一天，几个学生向他请教：心态会对一个人产生什么样的影响？

他微微一笑，什么也不说，就把他们带到一间黑暗的房子里。在他的引导下，学生们很快就穿过了这间伸手不见五指的神秘房间。接着，弗洛姆打开房间里的一盏灯，在这昏黄如烛的灯光下，学生们才看清楚房间的布置，不禁吓出一身冷汗。原来，这间房子的地面就是一个很深的大水池，池子里蠕动着各种毒蛇，包括一条大蟒蛇和三条眼镜蛇，有好几条毒蛇正高高地昂着头，朝他们“嗞嗞”地吐着信子。就在这蛇池的上方，搭着一座很窄的木桥，他们刚才就是从那座木桥上走过来的。

弗洛姆看着他们，问：“现在，你们还愿意再一次走过这座桥吗？”

大家你看看我，我看看你，都不作声。

过了片刻，终于有 3 个学生犹犹豫豫地站了出来。其中一个学生一上去，就异常小心地挪动着双脚，速度比第一次慢了很多；另一个学生战战兢兢地踩在小木桥上，身子不由自主地颤抖着，才走到一半，就挺不住了；第三个学生干脆弯下身来，慢慢地趴在小桥上爬了过去。

“啪”，弗洛姆又打开了房内另外几盏灯，强烈的灯光一下子把整个房间照耀得如同白昼。学生们揉揉眼睛再仔细看，才发现在小木桥的下方装着一道安全网，只是因为网线的颜色极暗淡，他们刚才都没有看出来。弗洛姆大声地问：“你们当中还有谁愿意现在通过这座小桥？”

学生们还是没有作声，“你们为什么不愿意呢？”弗洛姆问道。“这张安全网的质量可靠吗？”学生心有余悸地反问。

弗洛姆笑了：“我可以解答你们的疑问了，这座桥本来不难走，可是桥下的毒蛇对你们造成了心理威慑，于是，你们就失去了平静的心态，乱了方寸，慌了手脚，表现出各种程度的胆怯——心态对行为当然是有影响的啊。”

乐享成败

其实，独木桥的走法就是检验我们心态的实验，桥底下有没有毒蛇、安全网质量好不好，都不过是一个震慑我们心态的阻碍。如果我们保持平静、守住方寸，那么无论是开着灯还是关着灯，都能安然平静地走过去。面对生活中的困难同样如此，心态，是行为最好的风向标。

老妇人的哲学

有一次，我的朋友给我说了一位老妇人的故事：她 8 岁的时候就死了父亲，母亲含辛茹苦地把她养大；她 19 岁时嫁了人，并替丈夫生了4个孩子，可当她29岁那年丈夫却去世了；她唯有把全部希望倾注在孩子们身上，但在以后的20年内她的4个孩子也一一相继死去。从51岁起，她在世界上就没有一个亲人了，她可以算得上是世界上命运最悲惨的女人。可她现在还活着，已经94岁了，拥有4家食品零售店，身体很硬朗，并且每天都到邻居家去玩两个小时的桥牌。

最后朋友感叹说：“一个人竟然能够承受命运的如此打击，简直有点不可思议。”

我也对老妇人产生了好奇心和深厚的兴趣，遂即决定去访问她，就向朋友要了她的地址。

一个阳光明媚的午后，我开车来到老妇人家的附过，刚迈出车门，就远远地听到了屋子里有许多人在说笑。当我敲开门，向老妇人说明我的来意后，她紧紧地握了握我的手，并热情地邀请我进去。当穿越客厅时，我见到几个老太太在兴高采烈地学跳舞，她们一见我就高声打招呼，接着，我们进入客厅旁一间布置优雅的小房间，老妇人顺手关上门，客厅里的喧闹声便被关在门外了。

老妇人坐进棕色的圈型沙发里，拿起茶几上的毛衣织起来，一只长毛的波斯猫趴在她的脚边，她不时地透过眼镜片愉快地打量着我。

老妇人开始用一种富有感染力的语调讲述自己的经历，讲父亲、丈夫和孩子如何一一离她而去，讲她如何艰难地经营一家小零售店，并在40年内开出3家上规模的连锁店，讲她如何幸福地度过现在的每一天。在讲述过程中，她的脸上始终挂着阳光般的笑容。

我呷着茶，静静地听着，不知不觉中两个小时过去了。

当老妇人讲完她的经历后，我欠了欠身，提出了心中的疑问：

“请问，您对人生有什么秘诀吗？”

“秘诀？”老妇人发出爽朗的笑声，然后摇了摇头，但停了一会儿，却说：“如果有的话，那就是我自己教会自己快乐。”

接着老妇人又讲了下面一个小故事。

有一个6岁的小女孩，因为害怕恶魔攫去她和她美丽的琉璃弹珠而每天都不敢睡觉，她的母亲用尽了所有方法都不能使她消除这种恐惧。小女孩一天一天地瘦下去了。

直到有一天，她的父亲出差回来，用镜子里的人像作比喻，才使她明白恶魔在世界上是根本不存在的，那只是人的想象，这才把小女孩从困境中解脱了出来。

两年后，小女孩的父亲在车祸中丧生了，她又陷入了痛苦中，一天清晨，她梳妆的时候，注意到面前镜子里的肖像，忽然脑海中灵光一闪。

小女孩在一刹那间意识到：人生的苦难、痛苦和恶魔一样，它们的存在与否，完全决定于人的想象。

“那个小女孩就是我。”老妇人的脸上泛着红光，她继续说：“一个人是否快乐，完全取决于他对人、事、物的看法；而他的思想会改变他的生活。”我盯着老妇人的眼睛，犹如看到了人生和智慧的大门，心中不由得肃然起敬。

乐享成败

当痛苦爬上你的眉梢，当泪水滑落你的眼角，你可曾想到，爱虽在时光中流逝，但渲泄过后仍要面对现实的生活，这就是人生的哲学，任何智慧无法企及，任何力量无法扭转，摆在人面前的只有坚强，并更好地活下去。

像水一样流淌

从小他就有从大学中文系到职业作家的绚丽规划，然而，命运和他开了一个玩笑。

1955 年，他的哥哥要考师范了，但是，父亲靠卖树的微薄收入根本无法供兄弟俩一起读书，父亲只好让年幼的他先休学一年，让哥哥考上师范后他再去读书。看着一向坚强、从不向子女哭穷的父亲如此说，他立刻决定休学一年。不过，就是这停滞的一年，他和哥哥的命运，从此一个天上，一个地下。1962 年，他 20 岁时高中毕业。“大跃进”造成的大饥荒和经济严重困难迫使高等学校大大减少了招生名额。1961 年这个学校有 50％的学生考取了大学，仅一年之隔，4 个班考上大学的人数却成了个位数，结果，成绩在班上排前三名的他名落孙山。

高考结束后他经历了青春岁月中最痛苦的两个月，几十个日夜的惶恐紧张等来的是不被录取的通知，所有的理想、前途和未来在瞬间崩塌。他只盯着头顶的那一小块天空，天空飘来一片乌云，他的世界便黯淡了。他不知所措，六神无主，记不清多少个深夜，他从用烂木头搭成的床上惊叫着跌到床下。

沉默寡言的父亲开始担心儿子“考不上大学，再弄个精神病怎么办”？就问他：“你知道水怎么流出大山的吗？”他茫然地摇摇头。父亲缓缓说道：“水遇到大山，碰撞一次后，不能把它冲垮，不能越过它，就学会转弯，绕道而行，借势取径。记住，困难的旁边就是出路，是机遇，是希望！”父亲又说，“即使在流动的过程中遇见了深潭，即使暂时遇到了困境，只要我们不忘流淌，不断积蓄活水，就一定能够找到出口，柳暗花明。”

一语惊醒梦中人。

1962 年，他在西安郊区毛西公社将村小学任教；1964 年，他在公社农业中学任教。后来，又历任文化馆副馆长、馆长。1982 年，他终于流出大山，进入陕西省作家协会工作。1992 年，正是这 30 年农村生活的积累，使他写出了大气磅礴、颇具史诗感的《白鹿原》。

他就是陈忠实。

后来有人问他：“怎么面对困难与挫折？”老先生总淡淡地说：“像水一样流淌。”

像水一样流淌，这是岁月积淀的智慧。遇见困难，努力了，无法消灭它，不如像流水一样，在大山旁边寻找较低处突围，依山而行。只要我们不忘努力，不断奔突，也一样能够走出困境，到达远方，实现梦想。

乐享成败

生活本身就像一场战争，随时有困境拦住去路，随时有险滩考验胆识。杨万里曾有诗云：“万山不许一溪奔，拦得溪声日夜喧。到得前头山脚尽，堂堂溪水出前村。”积极乐观地面对困境，打磨你坚强的心灵，对厄运的跨越自然会带来快乐和自信，突破重围，才能找到属于自己的去路。

请你记得歌唱

因为一次医疗事故，他在四个月大时成了聋儿。在母亲竭尽全力的教导下，他终于理解了每个事物都有自己的名字，并慢慢地学会开口说话，普通话说得甚至比一般孩子还标准。

可是一进学校，他的助听器还是引起了其他孩子的好奇。有时，他听不清楚老师提的问题，答非所问，招来哄堂大笑。这一切都让他很沮丧，他恨不得把助听器摔烂，再也不去学校。

母亲安慰他，他不听，哭着问：“为什么我和别人不一样？”母亲回答，他是被医生一针给打聋的。他哭得更厉害：“我恨他，我要找他报仇！”母亲难过地别过头去，“找不到了，就是找到了，你的耳朵也是这样了。”

他只能接受现实，并比其他同学更努力。小学的听写课，同学们只需记住单词，他还要记住单词的次序，老师嘴巴动一下，他就写一个，同样拿了满分。他甚至主动报名参加北京市、区中小学生朗诵比赛，第一次上台吓得双腿发抖，怕自己吐字不清晰，或者忘词。望着众多正在注视他的听众，他终于鼓足勇气开口，结果获得了一等奖。努力总有回报，他一直是学校里的学生骨干，并且日益自信起来。

可是，因为是聋儿，仍然有尽了努力也无法做到的事情，譬如音乐课的考试。那天音乐课下课时，老师说："大家都准备一下，明天考试，要唱《歌唱祖国》。"其他同学都嘻嘻哈哈地不当回事，他却犯难了。他一直不大会唱歌，难以把握节奏。回家后，他愁眉苦脸，母亲就一边弹钢琴一边教他唱。一个小时，两个小时，三个小时过去了，他的嗓子都嘶哑了，但还是跑调。节奏很对，但他完全是在"说歌"，一个字一个字无比认真地说。母亲摸摸他的头说："考试时你就这样唱吧。"他说好。母亲又严肃地叮嘱道："可能大家会笑，但是你自己不能笑，坚持把歌唱完。"

第二天音乐课考试，轮到他上台了。他舔舔发干的嘴唇，跟着节奏开始"唱"歌。第五句的话音才落，教室里的同学已经笑翻了天。他不理会，在笑声中仍然继续自己的歌唱。他就这样一丝不苟地跟着节奏把歌"唱"完。

教室里不知何时安静了下来，他突然发现，同学和老师的眼睛里都有些亮晶晶的东西。接着，他看到了同学们在使劲鼓掌。

他就是梁小昆，曾多次参加专题电视节目制作，是电影《漂亮妈妈》中"郑大"的原型。时下他正在北京电影学院攻读硕士研究生，在摄影界已经小有名气，而且前不久刚在北京"东方新天地"举办了自己的个人摄影展。

至今，梁小昆都非常喜欢唱歌，每次去卡拉 OK，必唱无疑。他并不避讳自己的跑调，但求能够唱出个性。他深信，不管歌声是否动听，歌唱，首先是一种态度，包含着努力、尊严、坚持和快乐……

在失败的时候，你仍有歌唱的勇气吗？在绝望的时候，你还会记得最爱的歌词吗？在人生路上，迷失方向、不知所措的时候，你会记得且唱且行吗？

乐享成败

我们每一个人的一生都是一段不同寻常的旅程。因为穿着破衣裳而低垂着头走路，就不会发现路旁盛开的鲜花。正确的姿态是：始终微笑着面对前方，一路歌唱一路前行，那些路旁的花朵，也会因我们的乐观而开得更美！

我不完美，但我快乐

那是我在佛罗里达州大学读书的第一个学期。我常感觉浑身无力，无精打采，有时候甚至要很费力才能从床上爬起来，并且瘦了 20 磅。但因当时忙于紧张地复习功课和为佛罗里达州美国小姐比赛做准备，我顾不上关注自己的身体状况。

然而在决赛的那一天，我头晕、恶心，几乎晕倒在后台上。父母将我送到医院，并做了血样化验。

几天后，我被允许回到学校。期末考试就要到了，我必须把更多的时间放在复习功课上。

正在我埋头苦读时，电话铃响了。“尼科尔，你的血液化验结果出来了……”妈妈沉默了几秒钟，才开口说道，“你的血糖是 509。”“那意味着什么?”我不解地问。“宝贝，只有在 126 以下才是正常的。”妈妈极力掩饰着她的痛苦低声说。

又是一阵长长的沉默。妈妈艰难地告诉我：“孩子，你得了糖尿病。”

糖尿病？我怎么会得糖尿病？不，这不是真的。一定是搞错了。

妈妈告诉我她所能为我做的一切。最后她说："孩子，你不得不回家好好休养。记住，不要吃太甜的东西，或许会好一些。"

会好一些吗？我挂断了电话，走到我那小冰箱前打开门。

哦，甜食，是我这个年龄的人喜欢吃的东西，也是我的最爱。难道以后我就要和它们说拜拜了吗？我再也不能享受这些美味了吗？我不信！我拧开两瓶苏打水，一口气全喝了下去，然后直奔自助餐厅。我在盘子里装满布丁、甜点和蛋糕，含着泪水全部吞了下去。那一夜，我不停地呕吐，直到失去知觉。第二天早晨，当我费力地睁开眼睛时，我发现自己又回到了医院。

"尼科尔，你必须接受现实，并使自己平静下来。"医生说，"你必须调整你的生活方式和饮食习惯，不然你的血糖会大幅波动。糖尿病并不是不可治愈的。从现在开始，保持健康是你最重要的事情。"

"我的学业怎么办，还有我的比赛？"我问。

"学校的课程一般都很紧张，而你现在最重要的是把血糖降下来，所以，你最好放弃学业。至于比赛，那就更不可能了。"

我跌落在病床上。"我的生命就此结束了。"我想。

一名护士让我的悲伤颓废情绪开始好转起来。"尼科尔，得了糖尿病并不是世界末日。"她拿了一个托盘放在我面前，托盘里面有一个注射器和一个橘子。"你以后要每天注射胰岛素，你要用这个橘子做实验学会自己给自己注射。记住，如果你接受了你的病，并能照顾好自己，你就能做你想做的任何事情。"我在橘子上扎了20多针后，才鼓起勇气在自己身上扎了第一针。

我休学了，回到佛罗里达西米诺尔镇的家里。我一个星期去三次教堂，每天都在祈祷："上帝，救救我吧！如果你能将这病魔驱走，我将心满意足。"

也许上帝拒绝了我的请求，我决心要像没有得病时一样生活下去。我回到了学校，完成了学士学位，并继续攻读硕士学位。我疯狂地关注我的

血糖，希望能看到期望的正常值。为此我付出了许多努力，哪怕是最小的事情：多睡半小时，早餐吃少量的面包，午餐和晚餐吃同样的食物……

在学校，我只告诉几个人我得了糖尿病，我还继续参加选美比赛。我想，人们一定会认为选美获胜者是完美无缺的，所以我不能让所有人都知道我有病。1997 年，我获得了“苹果花”小姐选美赛的冠军，这意味着我将有资格参加弗吉尼亚小姐的比赛。如果赢了，我将被送去参加美国小姐的比赛。

我得知使用一种胰岛素泵，就不用再自己注射胰岛素了。但是，当我拿到那个胰岛素泵时才发现，无论我把它固定到腰带上还是身体的其他地方，人们都会看到，尤其是比赛时的裁判会看得更清楚。不，我不愿在这么多人面前使用这个东西。于是，我把它放回了原来的盒子里。

选美比赛如期举行，我坚持注射胰岛素，吃规定的食物，按时休息。但是在比赛前夕的一个早晨，我又一次昏倒在地。当我睁开眼时，我躺在妈妈的怀里，医护人员围在我身边，赛事管理员凝视着我，我的早餐放在地上。

“妈妈，很多人都知道了吗?”这是我说的第一句话。

“不，没有人知道。”妈妈将我紧紧抱住。

我请求赛事管理人员允许我继续参加比赛，他们同意了。那几天，我想忘掉那个早晨，但是我忘不掉。我明白其实每个人都已经知道我得了糖尿病，我是一个有缺陷的选美小姐。最后，我终于鼓起勇气，把那个比寻呼机还大的胰岛素泵带在了身上。结果是，因为我的诚实，我赢得了那场比赛。

在参加美国小姐选美的大赛上，除了游泳之外，我一直带着我的胰岛素泵。我并不在意人们知道我有糖尿病。“这就是我，”我想，“我不完美，但我快乐。”

在主持人宣布获胜者之前，我一直都很平静，我的目标达到了。我想要做的，就是告诉自己以及和我一样被病魔缠身的人们：病魔并不可怕！

当 1999 年美国小姐的桂冠戴到我头上，我走向那些想认识我的人们时，我的心中充满了骄傲：还有什么比这更完美的呢？

赛后，有记者问我：“得了糖尿病，你如何生活？”

“这是一种挑战。自从得了糖尿病，我懂得了很多。我知道，我是个坚强的人。”我回答。

乐享成败

我们来到这世界，一定要让自己快乐地活着。虽然人生也伴随着痛苦，但整个春天不会因一枝花的凋零而荒芜；整个人生也不会因一次挫折而荒废。直面挫折，化解痛苦，只要我们走过丛生的荆棘，前面一定是洒满阳光和鲜花的康庄大道。

没什么大不了

如果一个人在46岁时，在一次很惨的机车意外事故中被烧得不成人形，四年后又在一次坠机事故后腰部以下全部瘫痪，会怎么办？

接下来，我们能想象他变成百万富翁、受人爱戴的公共演说家、洋洋得意的新郎官及成功的企业家吗？我们能想象他会去泛舟、玩跳伞、在政坛角逐一席之地吗？

但这一切，米契尔全做到了，甚至有过之而无不及。在经历了两次可怕的意外事故后，他的脸因植皮而变成一块彩色板，手指没有了，双腿如此细小，无法行动，只能瘫痪在轮椅上。

那次机车意外事故，把他身上65%以上的皮肤都烧坏了，为此他动了16次手术，手术后，他无法拿起叉子，无法拨打电话，也无法自己上厕所，但以前曾是海军陆战队队员的米契尔从不认为他已被打败了。他说：“我完全可以掌控我自己的人生之船，决定我的沉浮，我可以选择把目前的状况看成是倒退或是另一个起点。”六个月之后，他又能开飞机了！

米契尔为自己在科罗拉多州买了一幢维多利亚式的房子，另外也买了一架飞机及一家酒吧，后来他和两个朋友合资开了一家公司，专门生产以木材为燃料的炉子，这家公司后来变成佛蒙特州第二大的私人公司。

机车意外发生四年之后，米契尔所开的飞机在起飞时又摔回跑道，这次事故把他的十二条脊椎骨全压得粉碎，腰部以下永远瘫痪！

米契尔仍不屈不挠，日夜努力使自己能达到最高限度的独立自主，他被选为科罗拉多州孤峰顶镇的镇长，以保护小镇的美景及环境，使之不因矿产的开采而遭受破坏。米契尔后来也竞选国会议员，他用一句“不只是另一张小白脸”的口号，将自己难看的脸转化成一项有利的资产。

尽管面貌吓人、行动不便，米契尔却开始泛舟，他坠入爱河且完成终身大事，也拿到了公共行政硕士，并持续他的飞行活动、环保运动及公共演说。

米契尔坚强不屈的正面态度，使他得以在《今天看我秀》及《早安美国》节目中露脸，同时《前进杂志》、《时代周刊》、《纽约时报》及其他出版物也都有米契尔的人物特写。

米契尔说：“我瘫痪之前可以做一万件事，现在我只能做9000件，我可以把注意力放在我无法再做的1000件事上，或是把目光放在我还能做的9000件事上，告诉大家说我的人生曾遭受过两次重大的挫折，如果我能选择不把挫折拿来当成放弃努力的借口，那么，或许你们可以用一个新的角度，来看待一些一直让你们裹足不前的经历。你可以退一步，想开一点，然后，你就有机会说：‘或许那也没什么大不了的！’”

乐享成败

你是否也用一个全新的角度去看待一些阻挠你前进的经历了呢？挫折，不是一个失败，而是一次成功，因为有挫折才有奋起，这样的人生才是完整的。

最后的底线

在俄罗斯有一位美丽的妇人，她那张无可挑剔的面庞惊艳四方。但是她 30 多年的时光都是在西伯利亚一个小镇上度过的。终于有一天，她被获准到彼得堡与丈夫团聚，妇人的丈夫一直都在彼得堡工作。她变卖了所有的家产来到彼得堡，可刚刚要走出车站时，却发现钱包被盗了，而那是她整整半生的积蓄啊！她一下子蒙了，险些被这突如其来的灾难击垮！怎么向丈夫交代这件事啊，因为她早就和丈夫计划好，要用这笔钱在彼得堡开个美容店。她急得快要哭出来，连车站的门都不敢迈出了。怎么办？泪水就要夺眶而出的一刹那，她忽然想，我哭完了又能怎么样？事已至此，哭泣已无济于事，那样只会让自己美丽的脸迅速衰老，而钱毕竟是身外之物，还可以再挣回来的。她想通了这一点，便微笑着朝来迎接她的丈夫从容地走过去。

事实正是这样，妇人丢了一笔巨款，但是由于采取了非常及时的心理转化措施，她保住了一张美丽的脸。以后在彼得堡，她靠借款开了一家美容店，而她那张美丽的脸成了最好的美容广告。人们都认为，一个拥有如此美丽脸庞的女人，她的美容技艺也肯定是高超的，这使得美容店生意兴隆，财源滚滚而来。

的确，一张因遭受打击而突然衰老的脸是永远无法修复的，所以它比金钱重要。而我要说，拥有一颗完整的心也是如此，它比一张美丽的脸要重要得多。这是我们在处于困境时最后的底线。

乐享成败

面对挫折，用坚强的翅膀和健全的心灵去承受，就可以在逆境中找到幸福和欢乐。越是在逆境中得到的幸福，那份幸福就越能储藏于心。困境中坚守着那份心灵的豁达，坚守着灵魂深处的底线，留给我们的将是更强韧的生命。